KB053333

맨손 기하
_형태그리기에서 기하작도로

에른스트 슈베르트 Ernst Schuberth

맨손 기하 _형태그리기에서 기하 작도로
1판 1쇄 발행 · **2016년 7월 10일**

지은이 · 에른스트 슈베르트
옮긴이 · 푸른씨앗 번역팀
책임 번역 · 하주현
기하 번역팀 · 문경환, 이상아

펴낸이 · 발도르프 청소년 네트워크 도서출판 푸른씨앗
책임 편집 · 이상아 | 편집 · 백미경, 최수진
디자인 · 유영란, 이영희
번역 기획 · 하주현
마케팅 · 남승희 | 해외 마케팅 · 이상아
총무 · 이미순

등록번호 · 제 25100-2004-000002호
등록일자 · 2004.11.26.(변경신고일자 2011.9.1.)
주소 · 경기도 의왕시 청계동 440-1번지
전화번호 · 031-421-1726
전자우편 · greenseed@hotmail.co.kr
홈페이지 · www.greenseed.kr

값 15,000원
ISBN 979-11-86202-07-4 63410

도서출판
ㅍㄹㅆㅇ
푸른씨앗

맨손 기하

형태그리기에서 기하 작도로

에른스트 슈베르트 지음 | 푸른씨앗 번역팀 옮김

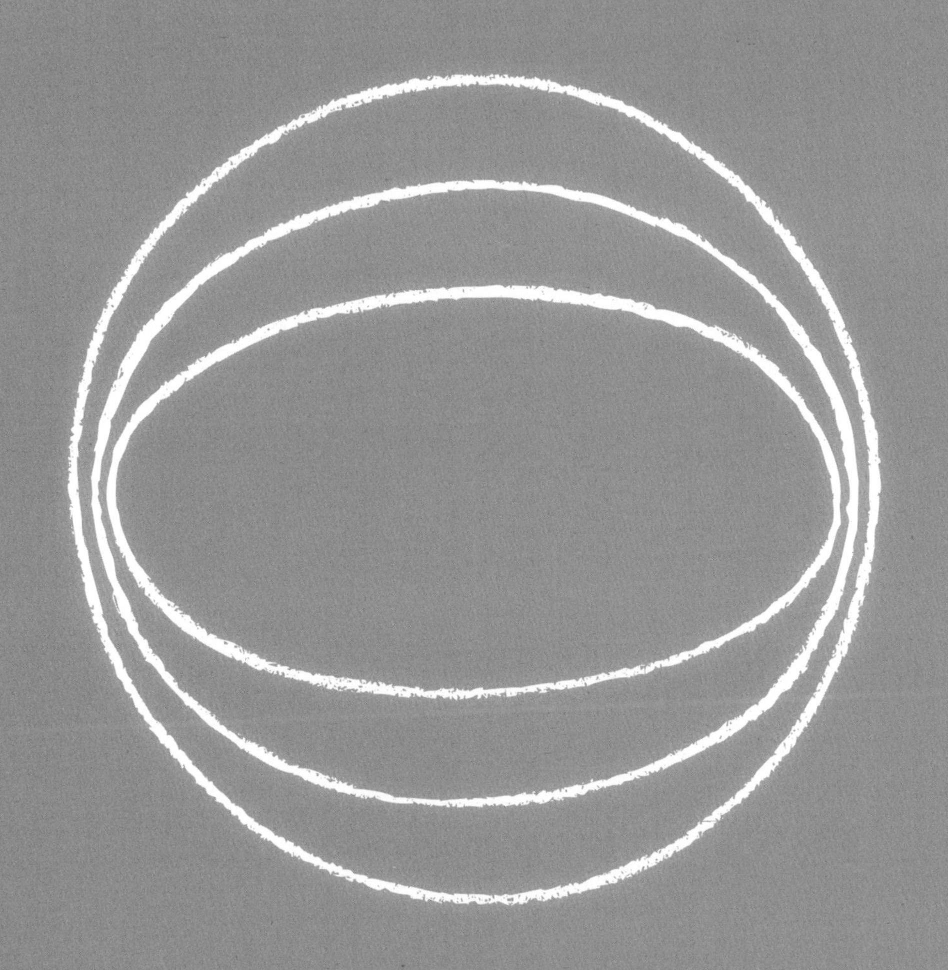

일러두기

01. 이 책은 에른스트 슈베르트의 학년별 발도르프 교과 과정 시리즈 중 하나이다. 각 문화권에 따라 학년(연령)에 대한 해석과 적용이 다른 것을 감안하여 원제의 4, 5 학년은 목차로만 삼았다.

02. 원작의 영어 번역본에 포함된 CD의 내용은 도서출판 푸른씨앗에 저작권이 있으며 출판사 홈페이지(www.greenseed.kr/Geometry)에서 확인할 수 있다.

03. 원서의 주는 미주로, 역자•편집자의 주는 각주로 달았다.

차례

책을 내며

이 책은 발도르프학교에서 1학년부터 8학년 아이들을 대상으로 진행하는 기하 수업을 다양한 각도에서 소개하는 연속 출판물$_{01}$의 일부입니다. 인지학의 관점에 따라 이 시기 아이들의 발달을 크게 1~3학년, 4, 5학년, 6~8학년의 3단계로 나눕니다. 『루돌프 슈타이너의 발도르프학교 교과과정Rudolf Steiners Lehrplan für die Waldorfschulen』에서 슈톡마이어E.A.K. Stockmeyer는 슈타이너가 '아이들의 발달 단계'를 반영하여 기하 수업 내용을 제안했다는 점에 주목했습니다.[1]

첫 번째 단계에서는 움직이는 기하인 형태그리기를 통해 기하의 싹을 틔웁니다. 아이들은 다양한 방법으로 형태를 경험하고 창조하는 법을 배웁니다. 동시에 섬세한 소근육 움직임을 훈련하고 형태 언어, 즉 형태에 대한 느낌을 터득해갑니다. 두 번째 단계에서는 형태들 간의 상호관계가 전면에 부각됩니다. 슈톡마이어는 이를 비교 기하라고 불렀습니다. 보통 진정한 기하라고 부르는 논증 기하는 세 번째 단계부터 시작합니다.

이 책에서는 각 단계의 내용과 다른 단계와의 관계를 수업의 형태로 소개합니다. 이런 수업 방식은 당연히 하나의 제안에 지나지 않으며 교사마다 각자의 방식으로 수업을 구성할 수 있습니다. 한 가지 방식만 유일하게 옳다고 제시하는 태도는 발도르프학교 교사들의 자율성을 침해할 수 있기 때문입니다. 교단에 선 교사들이 자신의 경험과 아이디어를 서로 나누면서 이 책의 제안이 더 풍부하고 깊어질 수 있기를 희망합니다.

여러 경로를 통해 길게 혹은 짧게 만나면서 교류해온 많은 동료에게 감

---

01 『형태그리기』 푸른씨앗, 2013_ 8개의 연작물 중 하나

사를 전합니다. 또한 그동안 학생으로 수업에서 만난 아이들과 괴테아눔의 수학, 천문학 분과 동료들에게도 감사를 전합니다. 오랜 세월 함께 작업하는 과정 속에서 정신적 관점을 갖게 되었고 덕분에 수학에 대한 이해 역시 깊어질 수 있었습니다. 원고 묶음을 문서로 정리해준 모니카 펠레스바우만Monika FelesBaumann에게도 감사의 말을 전합니다.

90년대 초반부터 수많은 미국의 발도르프학교 담임교사, 상급교사 들을 만나왔습니다. 생각한 바를 느낌과 연결하는 그들의 놀라운 능력과 열정, 그리고 우정은 담임교사들을 위한 8권의 책(기하 4권, 수학 4권)을 거의 동시에 집필할 수 있는 원동력이 되었습니다. 마지막 두 권의 책도 계획대로 마무리할 수 있기를 희망합니다. 이 책을 읽고 생각하거나 경험한 바가 있다면 부디 보내주시기 바랍니다. 새로운 생각이나 좋은 연습, 어려웠던 점 등 이 책을 개선하는데 도움이 될 모든 의견을 환영합니다. 마지막으로 이 책이 세상에 나오기까지 많은 노력을 기울여 준 친구 데이빗 미첼David Mitchell과 AWSNA 출판사 직원들에게 꼭 감사를 전하고 싶습니다. 특히 번역을 맡아준 니나 쿠에텔Nina Kuettel과 원고를 편집해준 앤 어윈Ann Erwin에게 깊은 감사를 전합니다.

에른스트 슈베르트Ernst Schuberth 2004년 봄
Ernst.Schuberth@t-online.de

머리말

10세 무렵부터 아이는 정신의 차원에서 큰 변형을 겪으면서 주변 세상과 좀 더 의식적인 관계를 맺기 시작한다. 이런 변화에 부응하기 위해 발도르프학교에서는 4학년 때 동물의 세계를, 다음에는 식물의 세계를, 그리고 6학년 때는 광물의 세계를 살피고 알아보는 수업을 한다. 인간의 신체적 측면과 동물을, 인간의 영혼 생활과 식물을 연결시키면서 동물과 식물의 세계를 연령에 적합한 방식으로 소개한다.

원, 삼각형, 사각형과 같은 기본 도형을 형태간의 상호 관계성 속에서 설명하는 것도 동일한 맥락에 속한다. 이를 통해 아이는 개별 형태를 의식적으로 관찰하고, 각각의 형태에 적절한 명칭을 붙이고, 차이를 만드는 결정적인 요소를 구별하는 법을 배운다. 한 형태에서 다음 형태가 나오게 하는 것(이는 6학년 이후부터 적절하다)이 아니라 여러 형태를 비교하며 서로 간에 어떤 관계가 존재하는지를 찾는 방식으로 진행한다.

본문에서 제안하는 수업 사례는 수많은 가능성 중 하나에 불과하다. 얼마든지 다른 방식으로 수업을 구성할 수 있다. 형태간의 관계성을 찾는 수업에서 필자는 가장 완벽한 형태(원, 정사각형, 정삼각형)를 출발점으로 삼고 그보다 대칭성이 조금씩 떨어지는 형태를 찾아나가는 방향을 택했다. 사물학 수업을 시작할 때 인간을 자연계에 존재하는 개별 형태를 모두 아우르는 원형으로 먼저 살핀 다음 구체적인 동물이나 식물로 들어가는 방식과 일맥상통한다고 생각하기 때문이다.

컴퍼스와 자를 이용한 기초 작도 수업은 5학년 말에 편성할 것을 권한다. 이 시기 아이들이 형태그리기와 맨손 기하에서 명확한 순서가 있는 작도로 넘어가는 과정에 흥미와 열의를 갖고 몰입하는 모습을 수업에서 계속 확인할 수 있었다. 또 작도를 이 시기에 도입하면 6학년 수업에서 논증 기하를 다룰 여유가 생긴다.

수업을 계획할 때 관심을 기울이는 또 다른 요소는 아이들의 공간 개념 발달이다. 1학년 때는 기본적으로 공간을 평면으로 인식했다면 10세에 의식의 변화를 거치면서 아이들은 3차원 공간을 내면에서 훨씬 명확하게 파악하기 시작한다. 본격적인 입체 기하는 몇 년 뒤부터 시작한다 해도(정다면체와 간단한 부피 계산 제외) 빛과 그림자 관계를 관찰하는 연습이 공간 개념 발달에 큰 역할을 하는 것은 분명하다. 이 책에서는 이 주제에 관해 자세한 논의 없이 간단한 사례로만 다룬다. 기하 수업 뿐 아니라 다른 여러 수업에서도 기회가 닿는 대로 빛과 그림자의 관계를 관찰하는 것이 좋다.

본문에서 맨손 그림은 먼저 연한 연필로 대강의 선을 그린 다음 진한 연필로 덧그렸다. 원래는 맨손으로 가능한 한 정확하게 표현해야 하지만 기하 법칙을 좀 더 선명하게 드러나게 하고 싶은 경우에는 자와 컴퍼스를 병용하기도 했다. 그렇게 그린 그림 위에 맨손 그림의 느낌을 살리기 위해 색연필로 덧그렸다. 맨손 기하를 위한 예시에 자와 컴퍼스를 이용한 것은 그런 방식을 따르라는 뜻이 아니라 그림의 특성을 분명히 보여주기 위한 선택이었다.

교사는 칠판 그림이 종이에 그리는 것과 전혀 다른 연습이 필요하다는 점을 언제나 명심하고, 반드시 미리 연습해두어야 한다. 이는 자와 컴퍼스를 이용한 작도와 맨손 그림 모두에 해당한다. 교사가 그림을 어떻게 그리는지는 대단히 중요하다. 선을 긋는 손이 차분한지 불안정한지 힘이 강한지 약한지 같은 교사의 움직임과 태도가 주는 인상을 아이들은 그대로 흡수한다. 이에 따라 그 때 배운 내용에 대해 어떤 태도를 갖는지가 좌우될 정도다!

복잡하고 어려운 맨손 그림의 경우에는 대강의 위치와 중요한 지점을 미리 살짝 표시해두어도 좋다. 얼마나 정성스럽게 준비했느냐가 수업의 성패를 가른다. 교사가 아이들의 능력을 신뢰하면서 차분하고 명확하게 안내할 때 아이들은 기대 이상의 성취를 보이곤 한다. 물론 아이들 역시 눈과 손의 협조 능력이나 소근육 움직임을 비롯한 여러 측면에서 자신의 신체를 훈련해야 한다.

이 책에 수록한 사례들이 독자들의 창조성을 일깨우고 자극할 수 있기를 바란다. 하지만 불필요한 색칠이나 꽃을 그려 넣는 등의 장식은 피해야 한다. 기하 그림의 아름다움은 겉으로 드러나는 요소보다 그 속에 담긴 기하 법칙에 있다. 과도한 색칠이나 장식은 그림을 통해 기하 법칙을 드러내고 심오한 의미를 통찰하는데 오히려 방해가 될 수 있다. 아이들을 형태로 이루어진 기하의 세계 속에서 상호관계성을 경험하면서 능동적으로 참여하게 하면, 나중에 진리에 대한 질문을 영혼에 품고 참된 수학의 눈으로 세상을 바라볼 수 있게 될 것이다.

본문 그림이 흑백이라 잘 표현되지 못한 부분이 있다. 그래서 색을 입힌 그림과 보충 연습, 추가 설명을 담은 인터넷 웹 사이트(www.greenseed.kr/Geometry)를 따로 제작했다. 웹 사이트에 담긴 내용은 원하는 대로 자유롭게 이용할 수 있지만 AWSNA 출판사나 저자의 사전 허락 없이 인쇄하거나 각자의 웹 사이트에 올리지 않기 바란다.

4학년

기하 작도 준비를 위한 형태그리기

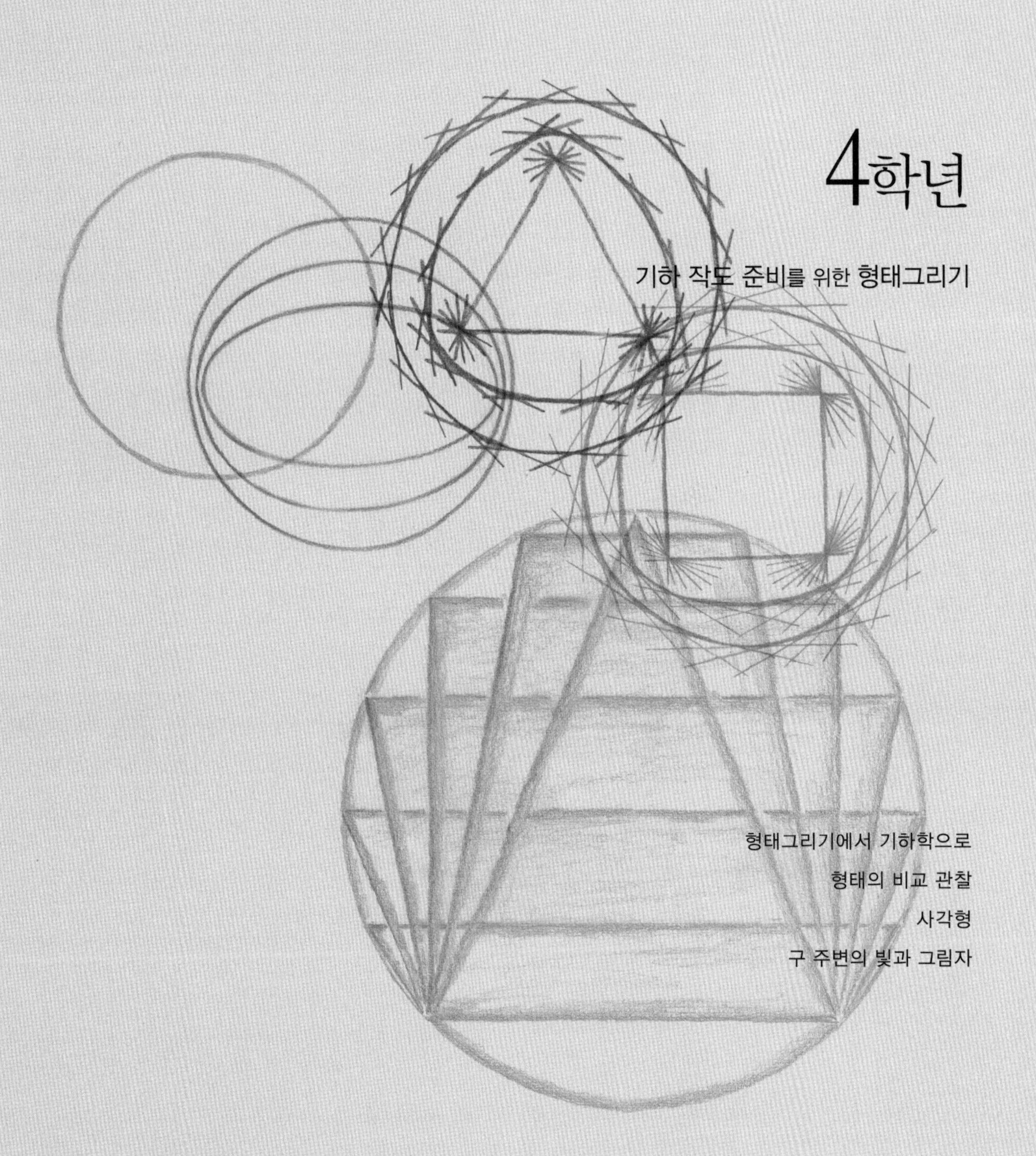

형태그리기에서 기하학으로

형태의 비교 관찰

사각형

구 주변의 빛과 그림자

"이전에는 기하학이 될 것을 완전히 소묘적인 것에 국한했던 반면에, 이제 인간의 이 연령기에서 역시 기하학으로 건너갈 수 있습니다. 소묘적인 것을 통해 우리는 삼각형, 정사각형, 원과 선을 발달시킬 수 있습니다. 말하자면 소묘를 하면서 '이것은 삼각형이고, 이것은 정사각형이다'라고 말하면서 실제적인 형태를 소묘적인 것에서 발달시킵니다. 그러나 형태들 간의 관계를 찾는 기하학 수업은 아홉 살 무렵에야 비로소 시작합니다."[2] *(GA 294)*

위의 강의에서 루돌프 슈타이너는 형태그리기 수업을 이끌어갈 방향을 제시하면서 인간학, 동물학, 식물학과 형태그리기가 내적으로 어떻게 연결되는지에 대해 자세히 설명한다. 여기서 필자가 특히 주목한 부분은 위 과목들의 수업 방법론이 상대적 관계성을 찾고 원형적 형태를 유추한다는 점에서 일맥상통한다는 것이다. 이런 방식으로 원에서 삼각형과 사각형이, 일반 사각형에서 정사각형이 나온다. 구체적인 방법은 본문에서 소개할 것이다. 하지만 서문에서도 밝혔듯이 본문에서 제시하는 수업 내용은 수많은 가능성 중 하나에 불과하다. 전혀 다른 형태를 중심으로 수업을 진행할 수도 있고 순수하게 예술적인 방향으로 안내할 수도 있다.

기하 형태그리기를 어느 수업에 포함시킬 지도 개별 교사가 결정할 문제다. 형태그리기 주기집중수업[01](이하 주요수업)이나 수학 주요수업 마지막 주 정도면 무난할 것이다. 계절도 염두에 두는 것이 좋다. 필자의 경험상 기하 주요수업에 가장 적합한 계절은 겨울이었다.

---

01 발도르프학교의 특징적인 수업 형태. '에포크 수업'이라고도 한다. 한 과목을 매일 100~120분씩 3~4주 동안 집중적으로 배우고 다른 과목으로 넘어간다.

형태그리기에서 기하학으로

원에서 타원으로

존[3]을 칠판 앞으로 불러낸 다음 원 모양으로 걸어보라고 한다. 교사는 칠판에 원을 그리고, 존이 걸어서 만든 원 모양과 칠판에 그린 원의 관계를 설명한다. "조금 전에 존은 원 모양으로 걸었어요. 선생님도 칠판 위에서 손을 둥글게 움직였고 선생님 손이 그리는 모양을 따라가면서 여러분 역시 눈으로 둥근 원을 그렸지요. 칠판 위에서 선생님이 움직인 흔적은 눈으로 볼 수 있어요. 선생님이 손에 분필을 쥐고 있었기 때문이에요. 칠판 위의 원은 이 모든 과정을 거쳐 마지막에 남은 것입니다. 제일 처음에 있었던 것은 움직임입니다. 칠판 위의 원에서는 그 움직임의 자취를 볼 수 있습니다. 다시 말해 이 그림은 움직임의 자취인 것입니다."

걸으면서 만든 형태와 칠판에 그린 형태 사이의 관계를 반드시 짚어주어야 한다. 하나의 형태에서 다른 형태로 넘어갈 때 잘 설명하지 않고 대충 넘어가면 아이들은 두 형태를 연결시켜 이해하는데 어려움을 겪는 경우가 많다. 칠판 앞에서 원 모양으로 걸었던 아이의 움직임은 3차원적 행위라고 느끼는 반면, 칠판에 그린 원은 (특히 그리는 동작이 끝난 다음에는) 그저 2차원의 그림으로만 본다. 그림 자체는 신체 움직임과 연결된 3차원적 특성이 모두 사라진 평면에 불과하기 때문이다. 따라서 이 그림이 본래 움직임에서 나왔다는 것과 그것이 원이라는 사실 역시 행위(눈의 움직임)를 통해 파악하게 된다는 것을 깨닫게 해주어야 한다.

지금부터는 그동안 익숙하게 알고 있던 형태들의 관계를 비교하며 관찰한다. 물론 아이들은 이미 오래 전부터 원이 무엇인지 알고 있으며, 형태 그리기나 오이리트미[01] 수업에서도 수없이 그려왔다. 교사는 먼저 원 모양으로 걷는다. 몇 번 반복하면서 조금씩 길이를 늘여 타원이 되게 한다. 아이들은 타원이 되면서 무엇이 달라지는지를 관찰한다. 양쪽 끝의 경사는 점점 커지고 중간 부분의 경사는 점점 줄어든다. 마침내 다음과 같은 결론에 이른다. 원 모양으로 걸을 때는 한 걸음 내딛을 때마다 나아가면서 매번 동일한 각도로 방향을 바꾼다. 타원 모양으로 걸을 때는 중간 부분에서는 완만하게 나아가다 양 끝 부분에서 방향 전환의 정도가 급해진다. 그로 인해 회전 부분에서는 리드미컬하게 움직이게 된다.

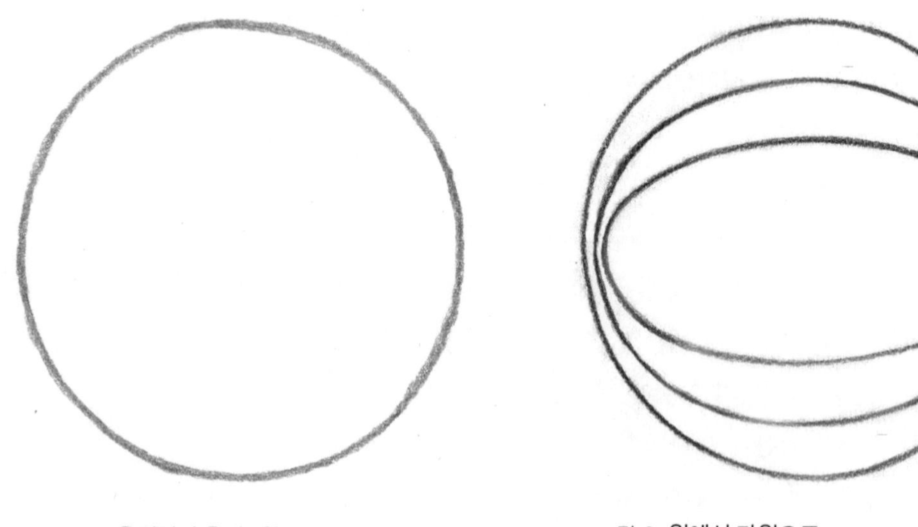

그림 1 움직임의 흔적_ 원

그림 2 원에서 타원으로

형태에 따라 걷는 시범을 보일 때는 회전하는 부분과 나아가는 부분에서 충분히 관찰할 수 있도록 천천히 움직여야 한다. 두 움직임만 따로 떼어 해본 다음 둘의 차이를 말로 설명해보라고 한다. 토론이 잘 진행되면 다음과 같은 문장으로 정리할 수 있을 것이다. "앞으로 걸을 때는 걷는 사람의

01 Eurythmie_ '아름다운 동작', '아름다운 리듬'을 뜻하는 그리스 어. 루돌프 슈타이너(1816~1925)가 창안, 1912년 선보인 것으로, 언어와 음악을 움직임으로 시각화한 동작 예술

위치만 달라지는 반면 회전을 할 때는 시선도 달라진다."

즉, 방향 전환(회전)과 앞으로 걷기는 완전히 다른 동작이다. 두 동작을 따로 해보면 더 쉽게 이해할 수 있다. 원으로 걸을 때는 방향 전환과 전진을 동시에 수행한다는 말을 이해하지 못하는 아이들도 있다. 뮌헨의 발도르프학교에서 아이들을 가르칠 때 존이란 학생이 특히 그랬다. 자신이 앞으로 움직였다는 점은 분명히 알지만 그와 동시에 방향을 전환했다는 부분은 아무리 설명해도 이해하지 못했다. 존에게 제자리에서 한 바퀴 돌면서 눈앞에 보이는 것을 말해보라고 했다. 한 바퀴를 돌면서 아이는 교실의 네 벽을 다 보았다. 이번엔 제자리가 아니라 아까처럼 원으로 걸으면서 무엇이 보이는지 말해보라고 했다. 이번에도 존은 교실의 네 벽을 다 보았다. 그래도 아직 무언가 개운하지 않은 얼굴이었다.

방법을 바꿔보기로 했다. "네가 제자리에서 한 바퀴 도는 동안 다른 아이들에게는 너의 앞, 뒤, 옆모습이 한 번씩 보였단다. 이제 다시 한 번 원을 그리면서 걸어보렴. 에이미가 너의 어디가 보이는지 말해줄 거야." 존이 걷는 동안 에이미가 말했다. "배, 왼쪽 어깨, 등, 오른쪽 어깨, 배." 존이 원 모양으로 걸을 때 다른 아이는 존의 앞모습, 뒷모습, 옆모습을 차례로 보았으며, 제자리에서 한 바퀴 돌았을 때도 마찬가지였다.

이쯤 되자 다른 아이들은 곡선으로 움직이는 것이 방향 전환과 상관있다는 사실을 분명히 알게 되었다. 단지 존만 아직도 선뜻 수긍하지 못하고 있었다. 존에게 질문했다. "앞으로 똑바로 몇 걸음 간 다음 제 자리에서 몇 바퀴 돌아보렴. 어떤 차이가 있니?" 존은 그대로 해보고 대답했다. "제자리에서 돌면 어지럽지만 똑바로 걸을 땐 그렇지 않아요."

"좋아, 그럼 생각해보자. 빙글빙글 돌 때 어지러운 것처럼 원 모양으로 걸을 때도 돌고 있는 것이라면 그 때도 분명 어지럽겠지?" 존에게 될 수 있는 한 빨리 걸어서 원 모양을 그려보라고 했다. 예상대로 다섯 바퀴를 돈 다음부터 비틀거리기 시작했다. 마침내 원 모양 그릴 때 걷는 동시에 회전도 하고 있다는 사실을 아주 '어지럽게' 깨달은 존은 그제야 고개를 끄덕이며 자리로 돌아가 앉았다.

원 모양을 그리면서 걸으면 한 걸음 내딛을 때마다 위치가 달라진다. 이때 위치를 점으로 찍어 원 둘레를 표시할 수 있다. 그러면 방향이 바뀌는 것은 어떻게 표시할까? 아이들에게 칠판에 그린 원 위의 각 지점에 서 있는 사람의 시선을 선으로 그어보라고 한다. 그러면 아래와 같은 그림이 나오게 된다.(그림 3a)

그림 3a에서는 시선이 반쪽짜리 접선의 형태로 표시되었다. 계속해서 반대 방향으로 돌면 시선이 어떻게 달라지는지도 표시해보라고 한다. 이렇게 해서 원과 접선의 그림이 완성된다.(지금은 기하학이라기보다는 그저 그림으로 접근한다) 긴 막대를 팔 밑에 끼워서 시선과 일치하도록 방향을 잡게 하면 한걸음 걸을 때마다 접선의 방향이 바뀐다는 사실을 더 쉽게 관찰할 수 있다.(그림 3b)

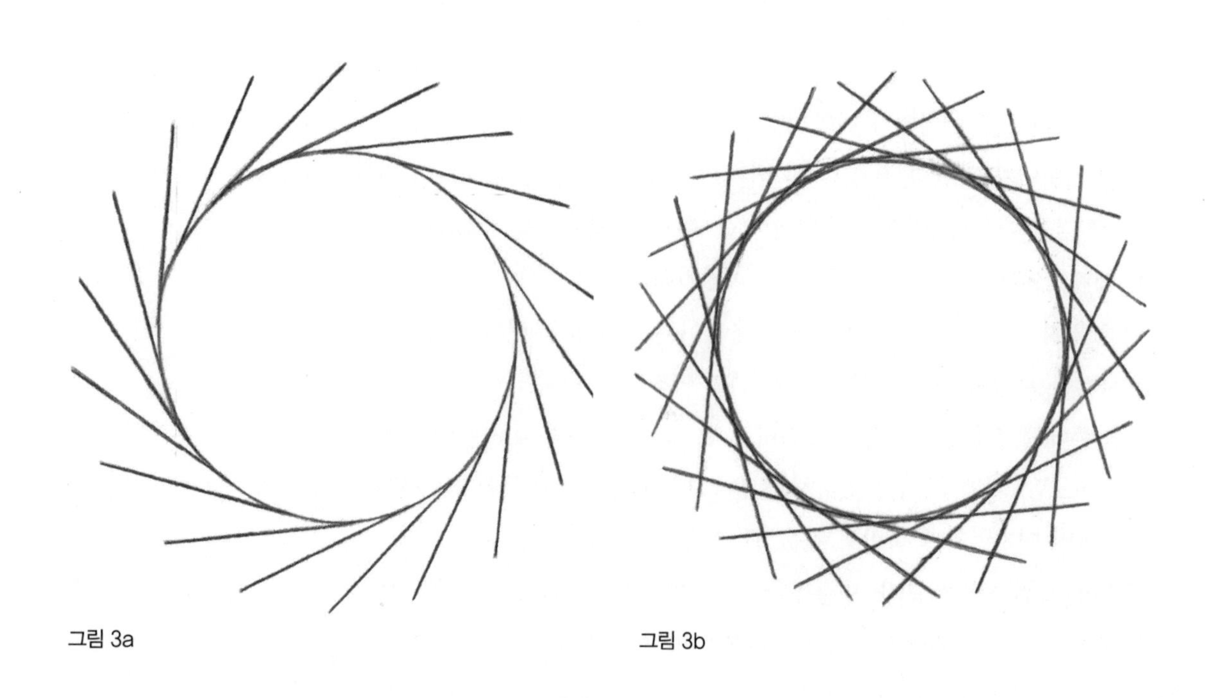

그림 3a 그림 3b

<u>원과 그 접선</u>

다시 한 번 타원에 대해 생각해보자. 접선을 표시한 원이 도구 없이 맨손으로 그렸음에도 접선들이 얼추 비슷한 각도를 이루고 있다면 경사가 급하게 커지는 타원의 양끝 부분에서 접선의 수가 확연히 증가한다는 것을 확인할 수 있다.(그림 4) 따로 제작한 웹 사이트에서는 양끝 부분의 강한 역동을 색깔로 강조했다. 회전 각도가 가장 큰 부분은 빨간 선으로 표현했고, 주황, 노랑으로 내려가다가 각도가 가장 완만한 부분에선 초록이 된다. 회전과 전진이라는 두 원형적 움직임에 특히 관심을 기울이면서 관찰하면 원과 타원의 차이가 보다 선명히 의식에 떠오를 것이다.

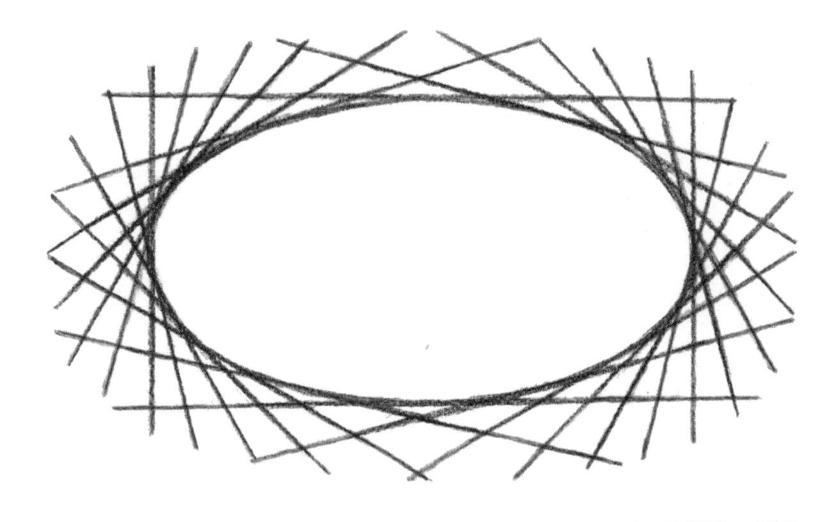

그림 4 타원과 그 접선

이번엔 별에 대한 아이들의 경험을 이용해서 실용적인 문제를 풀어보자. 천문학 시간에 배울 내용을 많이 건드리지 않으면서 별의 항로가 동서남북 방향과 어떤 관계가 있는지 살펴보는 것이다. 계절에 따라 북쪽 하늘에서 볼 수 있는 별자리가 다르다는 사실을 이미 아는 아이들도 있을 것이다. 밤하늘을 좀 더 정확하게 관찰하면 무엇을 알 수 있을까?

매일 밤 같은 시간에 같은 방향(예를 들어 남쪽)을 보면 똑같은 별이 매일 약 4분 정도 일찍 같은 자리에 도착한다는 것을 알게 된다. 대략 360

일(좀 더 정확하게는 365.25일), 다시 말해 일 년이 지나면 그 별은 맨 처음 관찰을 시작했던 그 자리에 다시 나타날 것이다. 이런 식으로 밤하늘에서 별들의 위치는 매일 조금씩 달라진다. 고대인들은 이런 별의 위치 이동을 기준으로 천구의 회전을 가늠했다. 365.25보다는 360이 계산하기 편하기 때문에 한 바퀴의 1/360을 각도 측정 기본 단위로 정했다. 이 단위를 1도라고 부르며 1°라고 쓴다. 길이 측정 단위(미터, 야드 등)는 땅 위를 걷는 인간을 기준으로 나왔지만 회전 측정의 기준은 하늘의 움직임에서 왔다. 이는 우주적 단위인 것이다. 그런데 팔을 눈높이로 쭉 뻗었을 때 엄지손가락의 넓이가 바로 1°(약간 부족한)다. 생각해보면 흥미로운 일이 아닌가.

하늘 위 태양의 움직임은 시계 위 바늘의 움직임으로 측정한다. 다른 점은 태양은 24시간 동안 하늘을 한 번 회전하지만 시계의 작은 바늘은 두 번 돈다는 데 있다. 이는 과거에 시간을 낮과 밤이라는 두 주기로 나누어 측정한 데서 기인한다. 그 때는 일출부터 일몰까지 그리고 일몰부터 일출까지를 각각 12시간으로 나누었다. 그러다보니 여름이냐 겨울이냐에 따라 한 시간의 길이가 달라져야 했다. 박물관에 전시된 옛 성당의 시계를 보면 아침과 저녁에 시곗바늘에 추를 달아 시계의 속도를 조절했던 것을 알 수 있다.

시간의 두 주기를 무한대(8) 형태로 표현해보자. 위쪽 곡선은 낮 시간, 아래쪽은 밤 시간이라 할 때 8의 모양은 계절에 따라 달라진다. 이를 반영하여 옛날 사람들은 들숨과 날숨의 리듬이 있는 단위로 시간을 측정했다. 그 시절에는 보통 해 뜰 때 일어나서 해질 때까지 일한 다음 잠자리에 들었다. 여름에는 일하는 시간이 길지만 겨울에는 그만큼 적게 일했다. 이 두 주기(무한대의 위아래)가 시계판 위에서 하나로 포개졌다고 생각하면 시계의 작은 바늘이 24시간 동안 시계 위를 두 번 회전하는 이유를 이해할 수 있다.

과거에는 시간을 세는 방식도 오늘날과 다른 경우가 많았다. 일출을 하루의 첫 번째 시간으로 삼고 그 뒤로 두 번째, 세 번째 시간이 이어지다가 일몰과 함께 열두 번째 시간이 끝나는 방식도 있었다. 그 다음부터는 밤의 첫 번째 시간이 시작된다. 이 경우 낮의 아홉 번째 시간[4]은 현재의 오후 2시부터 3시에 해당한다. 로마 교황청은 여러 가지 종교 의례나 기도 규칙 적용의 어려움으로 인해 이처럼 유동적이었던 시간 단위를 하나로 고정시키기로 하고, 낮 시간과 밤 시간을 합친 다음 똑같이 24등분했다. 지금 우리가 사용하는 시간 측정 체계는 이렇게 해서 나온 것이다. 이런 조치가 필요했던 이유는 여름 동안 밤 시간이 아주 짧아지는 북쪽 지역에서는 밤과 낮의 정해진 시간에 특정한 기도를 드리는 종교 의례의 규칙을 따를 수가 없어서였다.

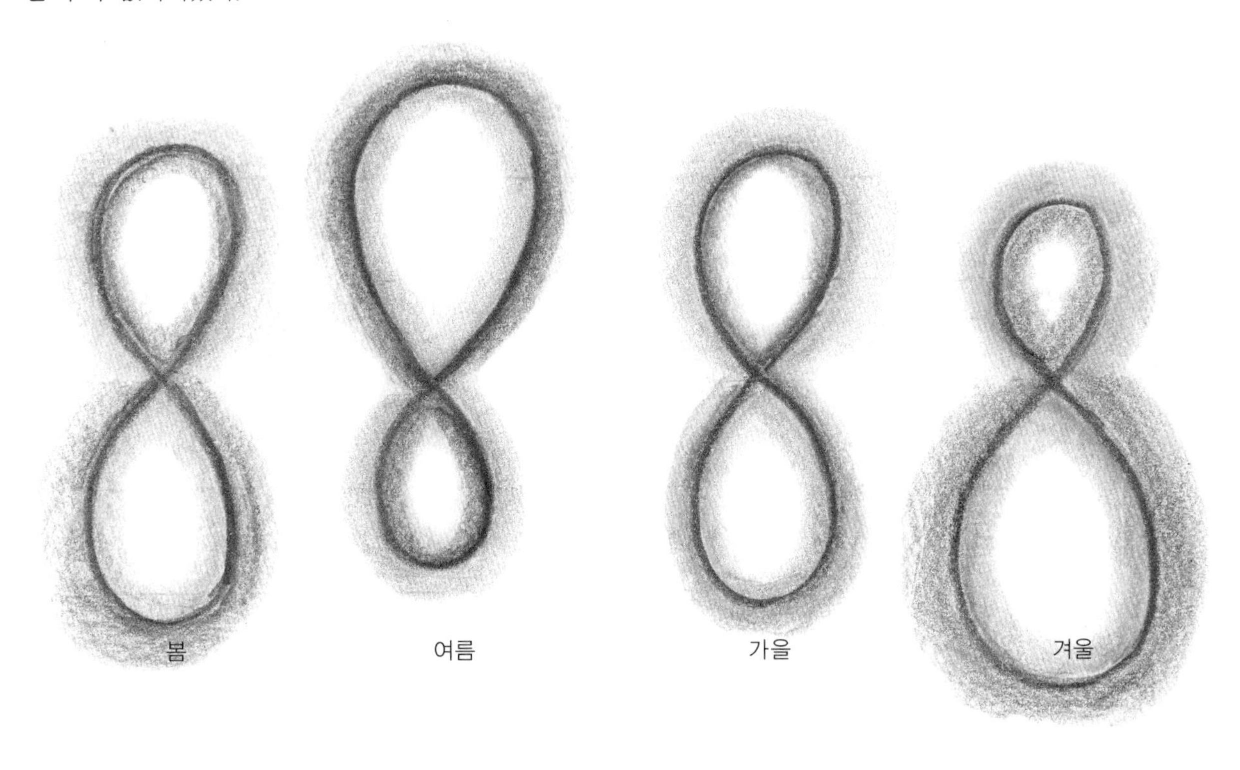

그림 5 계절에 따른 낮과 밤의 길이

여러 가지 방법을 이용해서 각도를 경험하고 측정하는 연습을 시작해 보자. 몇 가지 예를 소개한다.

1. 제자리에서 360˚, 180˚, 90˚, 45˚를 돈다.

2. 양팔의 간격을 이용해서 90° (180°, 45°)를 만든다.
3. 한 팔을 구부려서 문제 2번의 각도를 만든다.[5]
4. 두 사람이 같은 점에서 시작해서 특정한 각도를 이루면서 각기 다른 방향으로 걷는다. 상대방이 어디로 가는지 계속 주의를 기울여야 각도를 올바르게 유지할 수 있다. 각이 좁을수록 두 사람 사이의 거리가 멀어지는데 시간이 걸린다.
5. 주변 사물에서 각을 이루고 있는 부분을 찾아 각도를 가늠한다.
6. 그림 6에서 다양한 각을 찾아본다.
7. 직접 각도기를 제작해본다.(별도 제작 웹 사이트 참고)

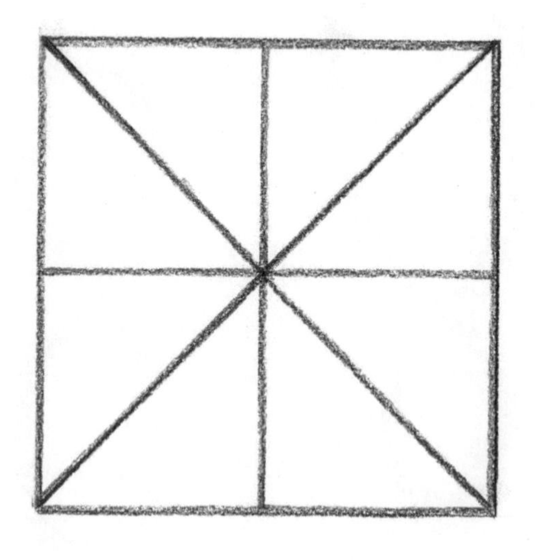

그림 6 이 그림에서 어떤 각도를 찾을 수 있는가?

이제 형태그리기 수업의 첫 해부터 익숙하게 접해온 현상에 정확한 이름을 붙여본다. 먼저 넓은 각과 좁은 각을 구별해보자. 0°부터 90° 사이의 각은 예각, 90°에서 180° 사이의 각은 둔각이라고 부른다. 정확히 90°인 각은 직각, 180°는 평각, 360°는 온각이라고 한다.(그림 7)

여기서 분수와 각도의 연관성을 경험하게 한다. 먼저 한 바퀴를 1이라고 정한다. 아이들에게 1/4 바퀴, 1/3 바퀴, 1/2 바퀴…만큼 돌라고 한 다음 그 각도를 숫자로 말해보게 한다. 1°는 한 바퀴의 1/360이다.

시계로 각도 연습을 할 수도 있다. 몇 가지 예를 들어보자. 시계의 분침(큰 바늘)은 1분 동안 몇 도나 움직일까? 2분, 3분, 4분, 6분, 10분, 12분, 15분, 20분, 30분, 45분 동안은? 같은 시간 동안 작은 바늘(시침)은 몇 도나 움직일까?(시침은 항상 분침의 1/12만큼 움직인다)

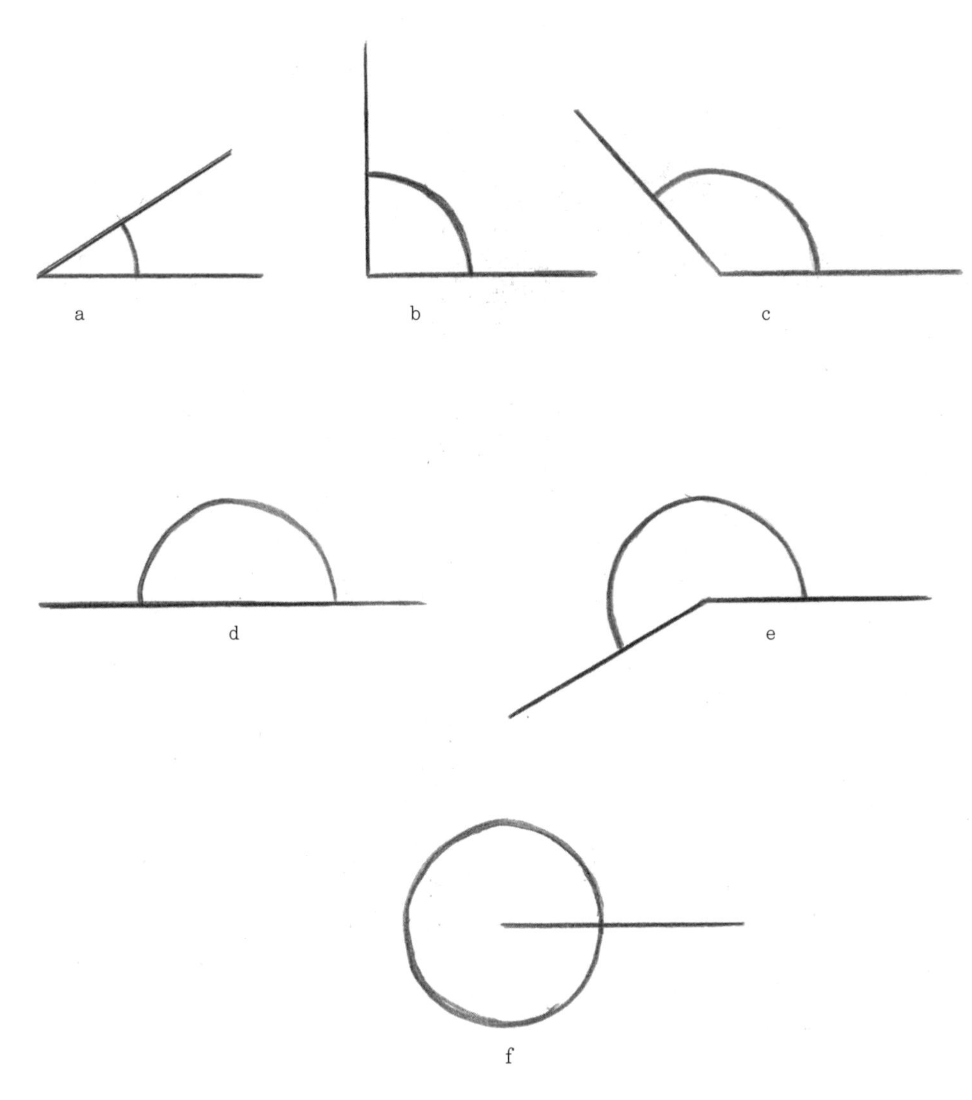

그림 7 여러 가지 각

흔히 분수를 원 면적의 일부(파이 조각)로만 떠올리기 쉬운데, 이렇게 분수와 각도를 연결시켜놓으면 분수 개념이 한 방향으로 고정되는 경향을 방지할 수 있다. 사실 각도와 원 면적의 일부를 동일시하지 않도록 주의해야 한다. 원의 조각은 면적이지만 각도는 방향의 문제이기 때문이다. 원의 조각은 크기가 제각각이면서도 각도는 같을 수 있다. 즉, 파이 전체의 크기에 따라 1/12 조각의 양은 저마다 다를 수 있다. 반면 각도는 면적이나 공간의 크기와 완전히 무관하다.[6]

우선 각도와 각도 측정의 특성에 관해 충분히 이야기를 나눈 다음 실험과 연습을 통해 그 내용을 확인, 심화한다. 다음 단계는 교차하는 두 직선이 만드는 각도를 살펴보는 것이다. 두 개의 직선이 교차하면 4개의 각, 즉, 크기가 같은 한 쌍의 각(맞꼭지각이라 한다)이 두 개 나온다. 크기가 다른 두 각을 합치면 평각(180°)이 되며, 이때 두 각을 서로의 보각이라고 부른다. 두 직선의 교차점은 네 각의 꼭짓점이 된다. 각의 측면을 이루는 반직선[7]을 각의 변이라 한다.

두 평행선 사이에 각이 생길 수 있느냐는 질문이 나오기도 한다. 답은 '한 꼭짓점에서 출발한 두 반직선을 무한대로 보내면 평행선이 된다.'이다. (그림 8) 이 과정에서 각을 이루는 두 반직선은 점점 더 같은 방향으로 간다. 하지만 평행선은 항상 동일한 방향으로 움직인다는 점도 짚어준다. 한쪽 평행선을 진행 방향에 따라 바라본 뒤에 다른 쪽 평행선의 방향에서 보면 방향 변화, 즉 회전이 전혀 없음을 알 수 있다. 따라서 두 평행선 사이의 각은 0°이다.

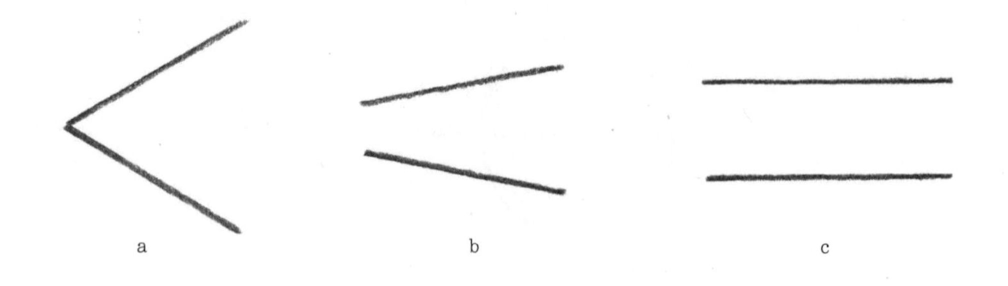

그림 8 어떤 각이 평행에 가까운가?

형태의 비교 관찰

원에서 삼각형으로

원에서 타원을 이끌어낸 것과 비슷한 방식으로 원을 삼각형으로 전환할 수 있다. 학생 한 명을 앞으로 불러내 원 모양으로 걸어보라고 한다. 그런 다음 세 군데가 볼록한 타원을 거쳐 마지막엔 삼각형 모양으로 걷도록 천천히 안내한다.

그림 9 원에서 삼각형으로

여기서도 회전 부분과 직진 부분의 리듬이 어떻게 다른지 관찰하고 이야기를 나눈다. 삼각형에서는 두 리듬이 선명히 구분된다. 변에서는 직진만, 꼭짓점에서는 회전만 한다. 이 경우에도 색을 이용하면 그 차이를 더 분명하게 시각화할 수 있다.(웹 사이트 참고)

정삼각형을 응용해서 다양한 맨손 기하 그림을 연습할 수 있다. 아래에 몇 가지 예를 제시한다. 교사가 먼저 칠판에 시범을 보이면(시작부분만) 아이들이 각자 그 뒤를 이어서 그린다.

삼각형 그리기 연습

① 점점 커지는 삼각형, 점점 작아지는 삼각형(그림 10)

② 삼각형 2개를 포개어 6개의 꼭짓점이 있는 별 만들기(그림 11)

③ 한 점을 중심으로 정삼각형 6개를 배열하여 정육각형 만들기(그림 12)

④ 육각형 안에 있는 정삼각형을 바깥으로 펼쳐 6개의 꼭짓점이 있는 별 만들기(그림 13)

⑤ 정삼각형의 밑변은 고정하고 다른 두 변을 길게 늘이기(그림 14a), 줄이기(그림 14b), 위아래 양 방향으로 늘이고 줄이기(그림 14c)

⑥ 한쪽으로 기울어진 삼각형(그림 15a), 양쪽으로 기울어진 삼각형(그림 15b)

⑦ 직각삼각형의 직각은 그대로 유지하면서 직각을 낀 꼭짓점을 다른 쪽으로 이동시키기(그림 16)

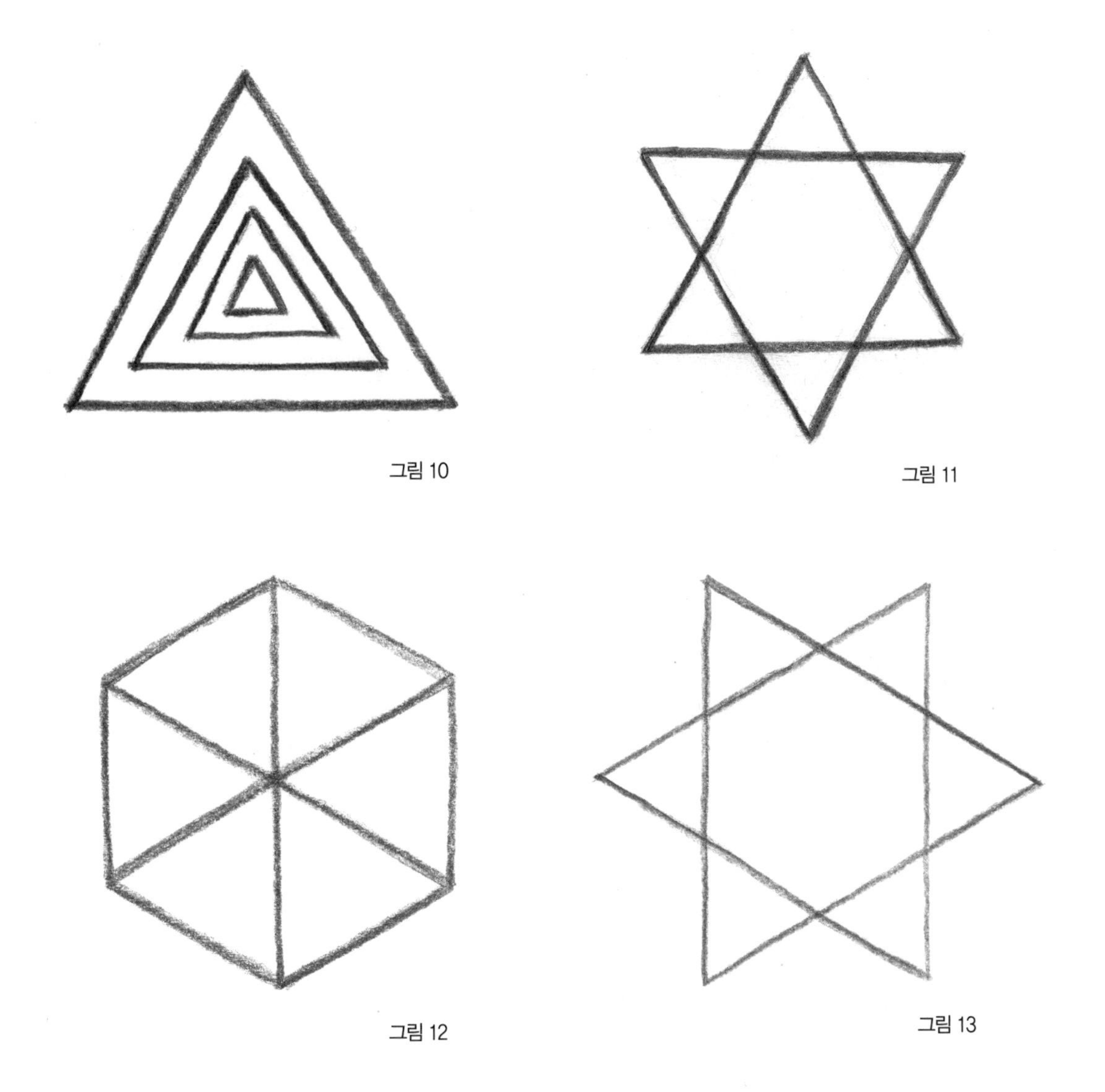

그림 10

그림 11

그림 12

그림 13

정삼각형을 응용한 그림

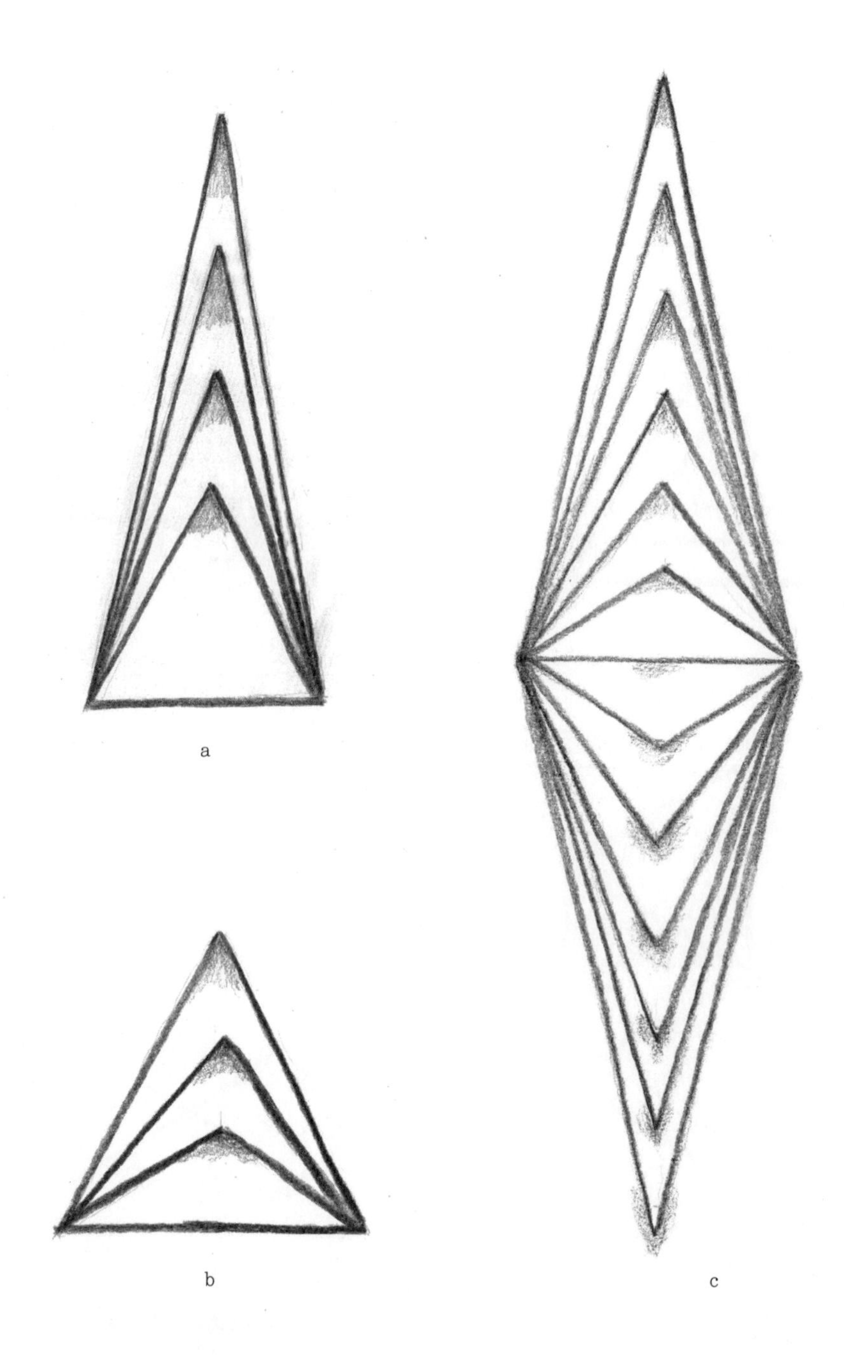

그림 14 정삼각형의 변형

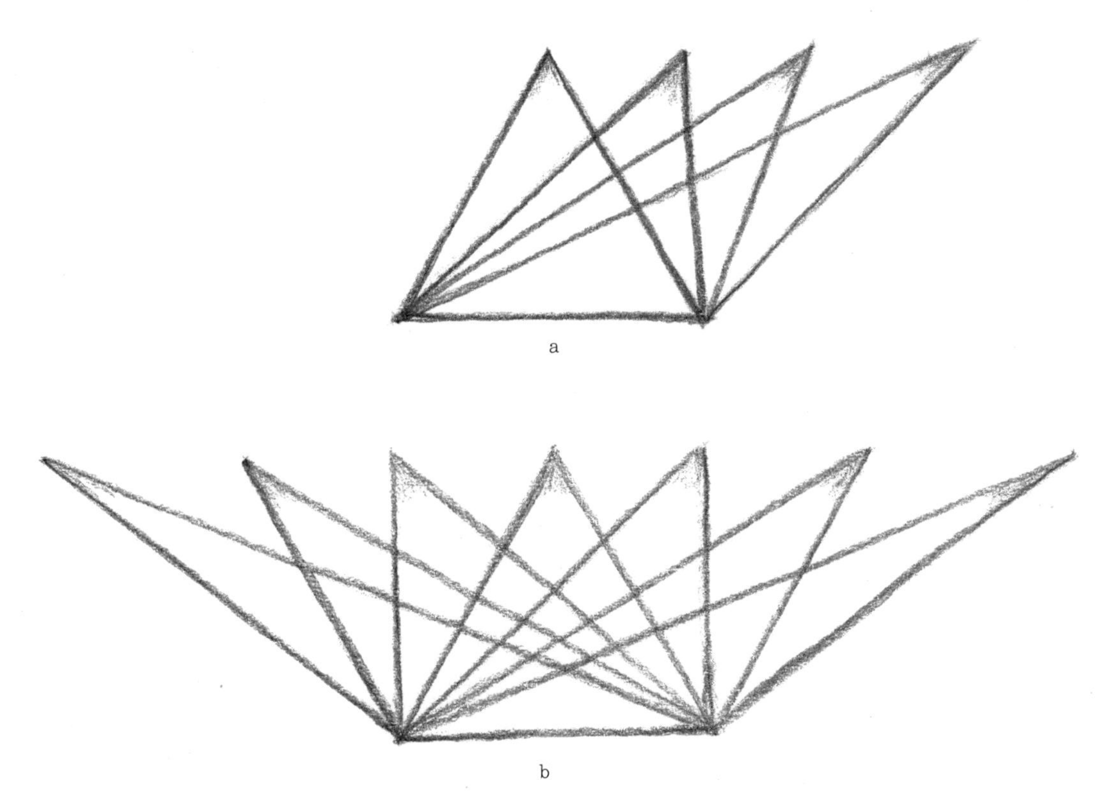

그림 15 정삼각형의 변형

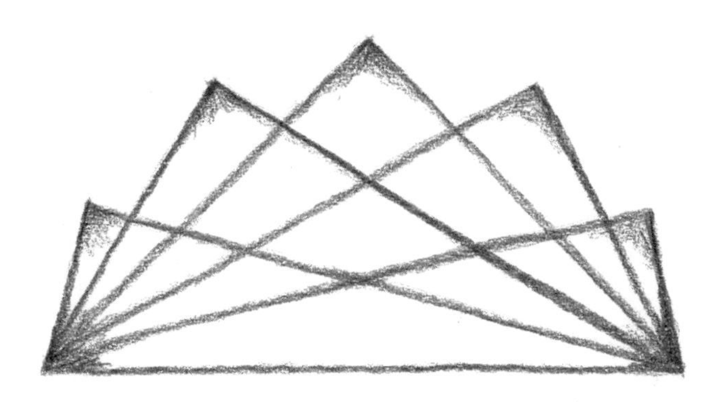

그림 16 삼각형의 변형

사각형

정사각형도 삼각형처럼 원에서 시작해서 움직임을 조금씩 변환시키는 방식으로 그릴 수 있다. 삼각형과 마찬가지로 원이 사각형이 되면 무엇이 달라지는지 찾아본다. 또한 변에서는 어떻게 직진하고 꼭짓점에서는 어떻게 회전해야 사각형의 각이 나오는지에 대해 이야기를 나눈다.

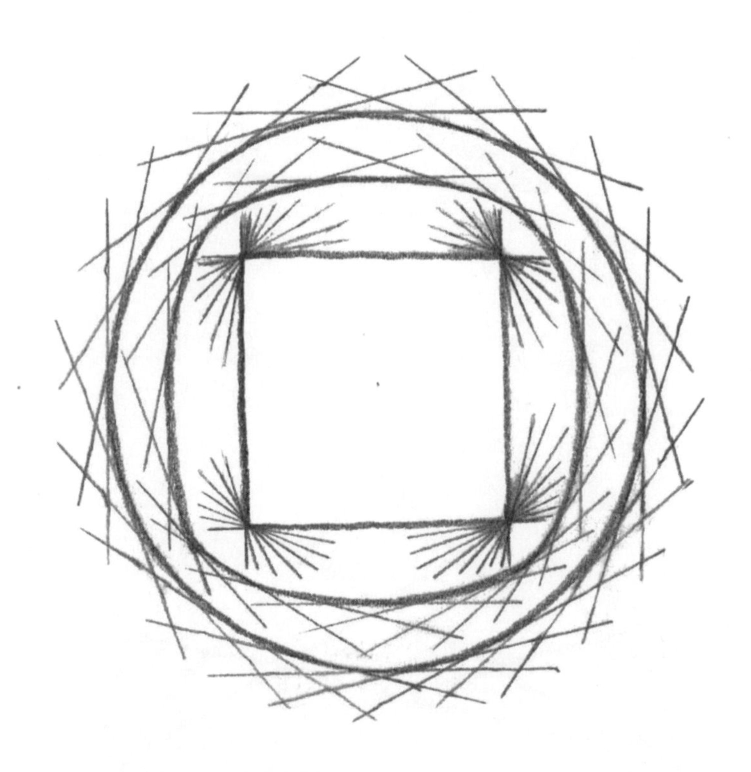

그림 17 원에서 정사각형으로

여러 가지 사각형의 명칭을 익히기 위해 먼저 정사각형의 대칭에 대해 살펴보자. 이를 기준으로 가장 기본적인 형태의 사각형부터 차례로 만나볼 것이다.

사각형 가문

정사각형에는 4개의 대칭축이 있다. 마주보는 두 꼭짓점을 잇는 2개의 대칭축을 대각선, 마주보는 두 변의 중앙을 통과하는 다른 2개의 대칭축은 중심선이라고 한다.

네 변의 길이가 동일한 것처럼 4개의 내각의 크기 역시 동일하다. 중심선은 길이가 같으며 상대방을 이등분 한다. 대각선도 마찬가지다. 두 쌍의 대칭축은 서로 직각을 이룬다.

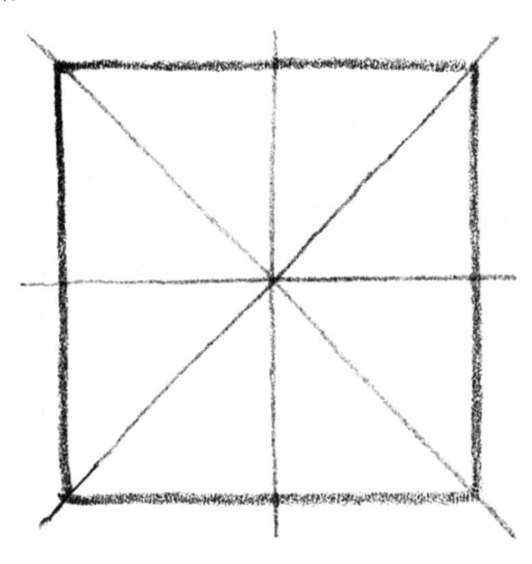

그림 18 정사각형과 대칭축

이제 좀 더 '전문적'인 방식으로, 또는 비교 관찰 방식의 연구에서 그 효과가 입증된 '상상적'인 방식으로 사각형의 여러 가지 변형을 비교해보

자. 사각형들의 특질과 차이는 대칭성을 기준으로 비교할 때 가장 잘 알 수 있다.

필자의 경우에는 적절한 순간에 그림을 보여주면서 다음과 같은 이야기를 들려주었다.

사각형 가문의 시조 '정사각형' 씨에게는 달라도 너무 다른 남매가 있었다. 첫째인 아들은 아주 성실하지만 지독하게 원칙적이고 고지식하며 융통성이 없다. '직사각형'이라는 이름의 이 아이는 언제 어디서나 모든 사람을 기쁘게 하고 싶어 했다. 그래서 여간해서는 자기주장을 내세우는 일이 없었다. 누가 부탁하거나 지시하기 전까지는 먼저 나서지 않으려하기 때문에 오랜 세월 동안 그냥 직사각형으로 살았다.(그림 19)

한편 여동생은 오빠와 완전히 딴판이었다. 오빠와 달리 우아하고 유연하고 싶었지만 동생 역시 사각형 가문의 후손이기 때문에 모나고 딱딱한 면이 조금은 있었다. 동생의 이름은 '마름모'. 어떤 상황에서나 직각만 내보이는 것은 마름모의 눈에 너무 지루하고 고지식해 보였다. 그래서 마름모의 각은 어떤 때는 뾰족하고 어떤 때는 둔했다. 하지만 멋지고 균형 잡힌 몸매를 위해서 마름모는 모든 변의 길이를 항상 동일하게 유지했다.(그림 20)

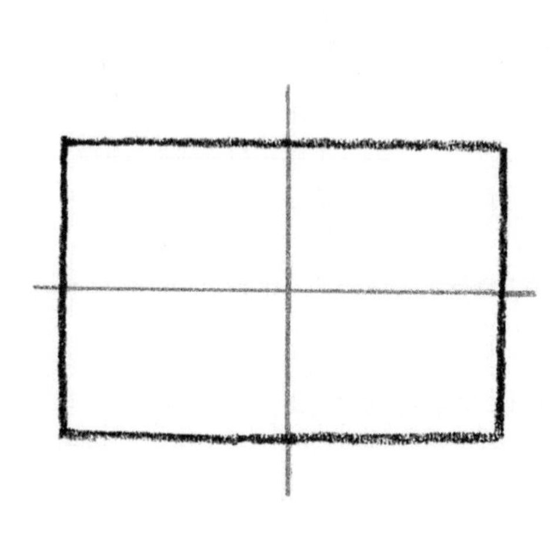

그림 19 직사각형

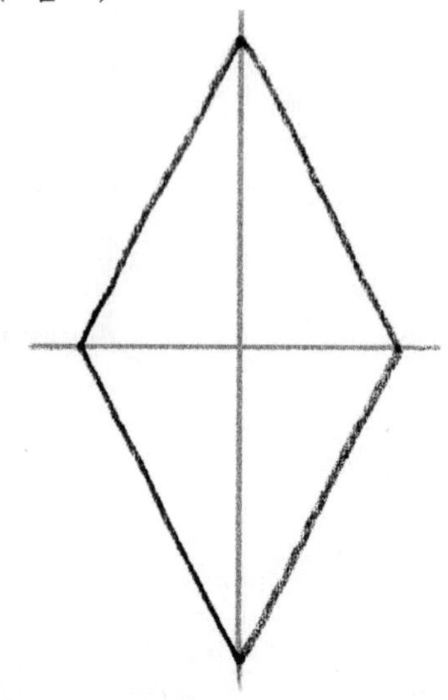

그림 20 마름모

둘은 같이 잘 어울려 다녔지만 남매 관계가 으레 그렇듯 서로 놀리고 구박하는 일도 많았다. 특히 상대의 실수나 결점을 보면 둘 다 조금도 봐주는 일 없이 그 자리에서 지적하곤 했다. 어느 날 직사각형이 아버지 정사각형처럼 굴자 마름모는 비웃으며 말했다. "오빠는 자기가 아버지인 줄 아나 봐? 아버지는 대칭축이 네 개지만 오빠는 두 개밖에 안 되거든. 오빠의 대각선은 대칭축이 아니라고." 동생한테 이런 말을 들었을 때 순순히 물러나는 오빠는 별로 없다. 기분이 상한 직사각형은 마름모를 자세히 들여다보면서 이렇게 말했다. "사돈 남 말 하시네. 너한테 있는 대칭축은 오로지 대각선 밖에 없잖아." 이 말다툼 끝에 둘은 서로가 서로의 부족한 부분을 보완할 수 있으며, 둘이 힘을 합치면 아버지 정사각형의 특질을 지닐 수 있음을 깨달았다.

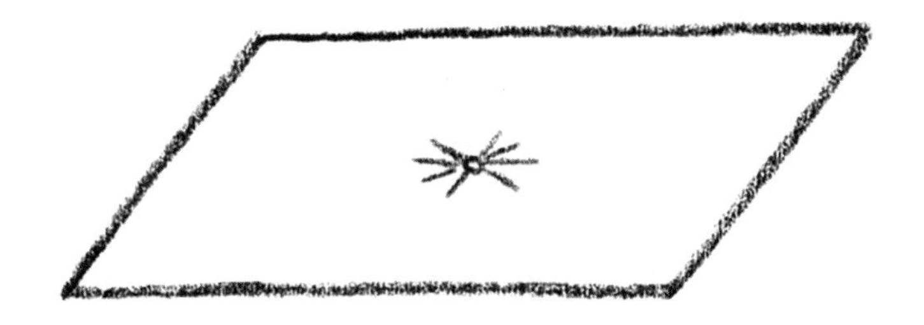

그림 21 평행사변형

어느 날 사촌인 '평행사변형'이 놀러왔다. 평행사변형도 4개의 변과 4개의 각을 가지고 있다는 점에서 한 집안 식구인 것은 분명하지만, 대칭축이 전혀 없다. 기껏해야 중심점에 대해서 대칭이라는 점, 즉 중심점을 기준으로 180° 회전시키면 대칭이 된다는 정도에 불과했다.(그림 21) 그 밖의 다른 특질은 두 남매의 눈에 특별히 매력적이지 않았다. 게다가 평행사변형은 다른 사각형을 만나면 즉시 다가가 상대방에게 자신을 맞추려고 했다. 직사각형과 마름모에게는 이런 성격이 영 편치 않았다. 평행사변형은 두 남매에게도 맞추고 싶어 했다. 직사각형처럼 두 변이 서로 평행하고 마주보는 두 변의 길이가 같으며(평행사변형이라는 이름도 여기서 나왔다), 마름모처럼 마주보는 두 각의 크기가 같다. 여기까지는 아주 잘 일치시킨 것처럼 보였지만 두 남매는 사촌에게 뭔가 부족한 점이 있다고 느꼈다. 평행사변형은 대각선이나 중심선이 서로 멋진 직각을 이루지 않으며, 대각선과 중심선이 만나는 곳에서도 직각을 찾을 수 없다. 다만 대각선과 중심선이 서로를 이등분하며 동일한 점을 지나기는 했다. 적어도 평행사변형에게 중심점만큼은 정확하기 때문이다.

평행사변형이 아주 재미있는 두 명의 친척 사진을 보여주었다. 그들은 하나의 평행사변형을 둘로 나누었을 때 생기는 쌍둥이 사각형이었다. 이들에게도 마주보는 한 쌍의 평행선은 있지만, 어디를 봐도 대칭은 전혀 없었다. 쌍둥이 형제의 이름은 '(일반)사다리꼴'이었다.(그림 22) 자존심 강한 사각형 남매는 대칭의 특성을 조금도 가지지 않은 이 사다리꼴 쌍둥이를 사각형 집안의 일원으로 인정하고 싶지 않았다. 나이가 들어 높던 콧대가 한 풀 꺾인 이후에는 인정하게 되지만 그건 훨씬 나중의 일이다.

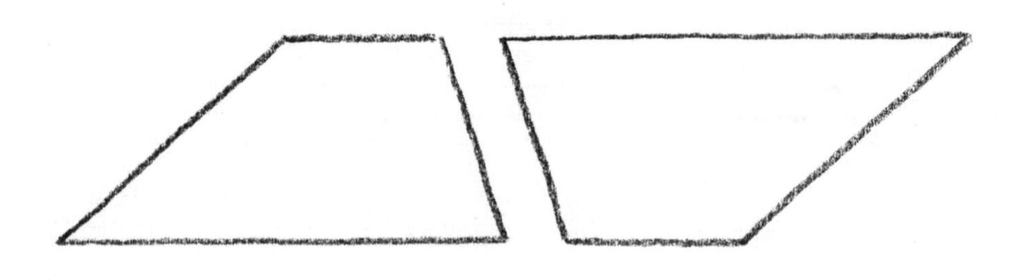

그림 22 일반 사다리꼴

살다보니 두 남매는 한 동안 서로의 소식을 모르고 지내게 되었다. 직사각형은 하루 종일 책상 앞에 앉아 일만 하다 보니 뱃살이 붙었다. '등변사다리꼴'이라는 번듯한 직책은 달았지만 그렇다고 후덕해진 몸매가 덮어지지는 않았다.(그림 23) 여동생 마름모는 안타깝게도 나이가 들면서 더 거만해졌다. 때와 장소를 가리지 않고 거드름을 피우며 다른 사람들 위에 군림하려드는 속물이 된 것이다. '등각사변형' 또는 '장사방형'이라는 고상한 새 이름을 얻었지만, 어떤 사람은 그녀를 그저 '가오리연'이라고 불렀다.(그림 24)

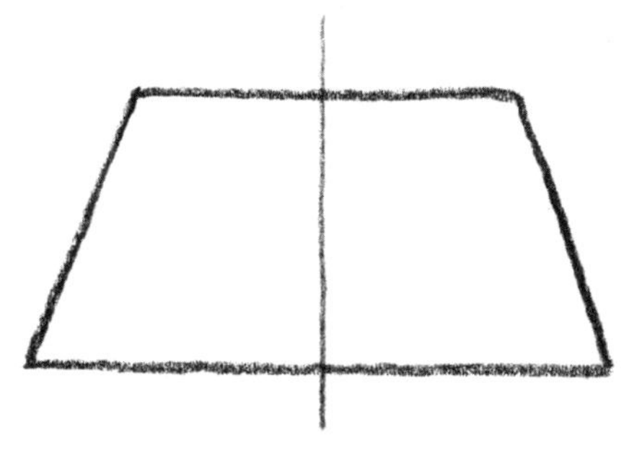

그림 23 등변사다리꼴

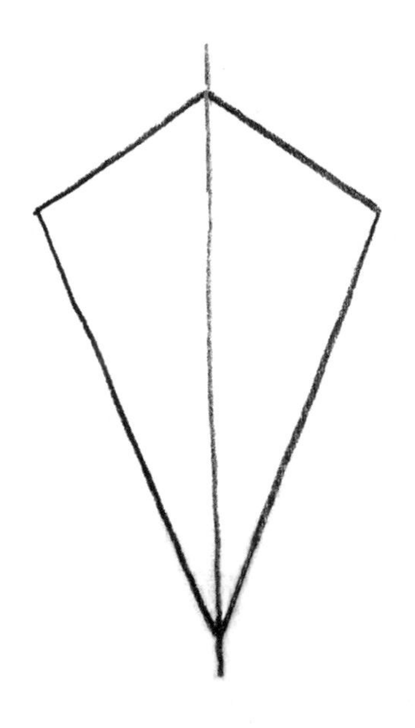

그림 24 등각사변형
또는 장사방형,
가오리연

여러 해가 지나 남매는 가족 모임 자리에서 다시 만났다. 오랜만에 만나 반가운 중에도 서로의 달라진 모습에 한 마디를 꼭 하고야 마는 버릇은 여전했다. "어떻게 된 거야, 오빠?" 장사방형이 물었다. "이제 대칭축이 하나밖에 남지 않았네." 등변사다리꼴 역시 장사방형에게 말했다. "뭐 너도 별로 예뻐지진 않았구나." 알다시피 사각형 가족은 대칭을 아름다움의 척도로 여기는 집안이었다. 이렇게 둘은 참 닮은 남매라는 사실을 다시 한 번 확인했다.

그 뒷이야기는 별로 해줄 것이 없다. 둘은 아주 나이가 많이 들어서 다시 한 번 만났지만 그저 서로를 바라보며 아무 말도 하지 못했다. 둘 다 이젠 따로 놓건 겹쳐 놓건, 어디서도 대칭을 찾을 수 없는 일반 사각형이 되어버렸기 때문이다.

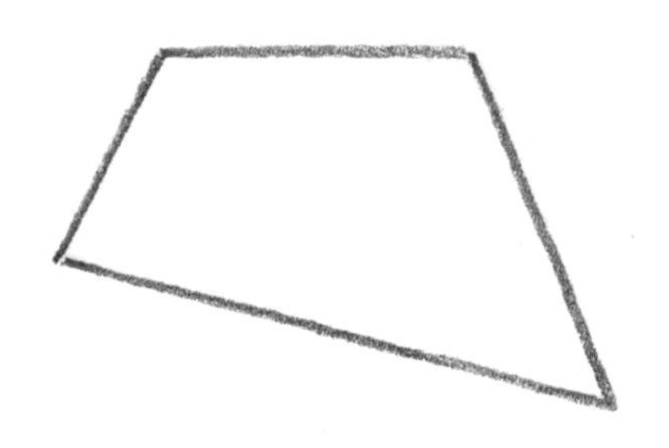

그림 25 일반 사각형

그림 26 꼬인 사각형

다음 이야기는 몇 년 후에 배울 내용의 맛보기로 들려준다.

"여러분이 6학년이 되면 자세히 배우게 될 비밀 하나를 미리 알려주겠어요. 일반 사각형에도 눈에는 보이지 않지만 정사각형이 숨어 있답니다. 선생님이 칠판에 넓고 평평한 들판 위에서 직각으로 교차하는 두 개의 도로를 그리면(그림 27) 이 말을 쉽게 이해할 수 있을 거예요. 우리가 6학년 때 배울 원근법으로 보면 두 도로가 교차하는 정사각형 부분이 일반 사각형처럼 보입니다. 하지만 일반 사각형을 원근법으로 보면 정사각형으로 보이기도 합니다. 감추어진 정도에 따라 안 보일 뿐이지 아버지 정사각형의 특징이 어떤 식으로든 모든 사각형 안에 있기 때문입니다. 상급과정에 올라가면 정사각형에 대한 정말 놀랍고 멋진 사실들을 배우게 될 것이고, 원근법으로 본 정사각형이 일반 정사각형보다 훨씬 아름답고 흥미로운 것도 알게 될 것입니다. 인간의 삶에도 이런 면이 있습니다. 인간은 젊었을 때 외모가 가장 아름답습니다. 나이를 먹고 세상의 풍파를 겪다보면 겉모습은 예전만큼 아름답지 않지만 그 사람의 내면, 그 사람의 영혼에는 지금껏 살면서 수많은 경험을 겪으며 터득한 눈부신 아름다움과 풍요로움이 깃든 답니다."

사실 이런 이야기에서 내용은 크게 중요하지 않다. 아이들이 여러 가지 사각형의 내적인 관계를 파악할 수 있다면 얼마든지 다른 식으로 설명해도 상관없다. 중요한 것은 개별 도형의 정의만 가르치는 것이 아니라 형태의 특징을 파악하는 동시에 서로의 관계가 명확해질 수 있도록 형태들을 연결시켜주는 것이다.

내접 사각형과 외접 사각형처럼 사각형 가문의 다른 계파들에 관해서도 아직 살펴볼 내용이 많다. 이들은 7학년이나 8학년 수업에서 소개한다.

지금까지의 이야기를 요약해서 '사각형 가계도' (그림 28) 와 서로의 관계성을 도표로 만들어보자.

그림 27 원근법으로 보면 모든 일반 사각형은 정사각형이다

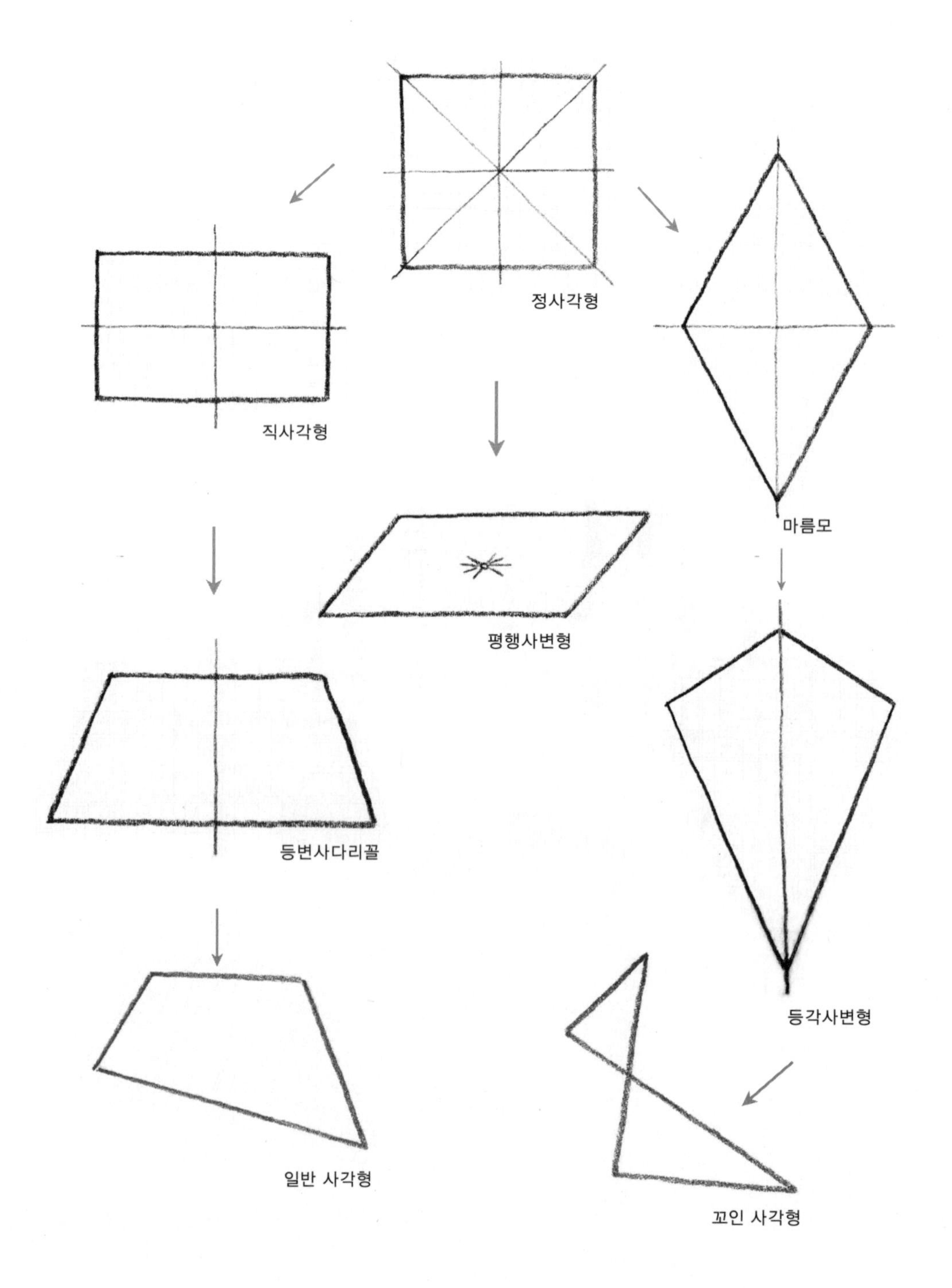

그림 28 사각형 가계도

사각형의 주요 특징

먼저 사각형 가문을 전체적으로 훑어본 다음에 개별 형태를 하나씩 꼼꼼하게 살피고 그 특성을 정리한다. 얼마나 깊이 들어갈지는 개별 교사가 결정할 몫이다. 다음의 표에는 사각형을 종류별로 그 특징을 정리했다. 고유한 이름을 가진 사각형이라고 해서 꼭 대칭의 특성이 더 높은 것은 아니다. 정사각형은 사실 직사각형이라고도 할 수 있다. 하지만 직사각형을 정사각형과 동일한 것으로 여겨서는 안 된다. 다른 형태의 경우도 마찬가지이다.

여러 사각형의 특징

이름	대칭축	회전 대칭	대각선이 이루는 각	중심선이 이루는 각	대각선의 비율	중심선의 비율	내각	변	내접원	외접원
정사각형	4	90˚	90˚	90˚	상호 이등분	상호 이등분	4개의 내각이 90˚로 동일	4변이 동일	O	O
직사각형	2	180˚	임의	90˚	이등분	상호 이등분	4개의 내각이 90˚로 동일	두 쌍의 대변이 동일	X	O
마름모	2	180˚	90˚	임의	이등분	상호 이등분	두 쌍의 대각끼리 동일	4변이 동일	O	X
평행사변형	0	180˚	임의	임의	이등분	상호 이등분	두 쌍의 대각끼리 동일	두 쌍의 대변이 동일	X	X
등변사다리꼴	1	–	임의	90˚	등분하지만 비율은 다양	상호 이등분	두 쌍의 인접 각끼리 동일	한 쌍의 대변이 동일	X	O
등각사변형	1	–	90˚	임의	세로 대각선은 가로 대각선을 이등분. 반대는 임의	임의	한 쌍의 대각은 동일. 다른 각은 임의	두 쌍의 인접변이 동일	O	X
일반 사각형	0	–	임의	임의	임의	임의	임의	임의	X	X

사각형 형태에 대해 토론과 함께 그림도 그려봐야 한다. 토론과 병행해서 그려보기에 좋은 연습 몇 가지를 소개한다.

사각형 그리기 연습

① 중심이 동일한 정사각형(그림 29)

② 한 점을 기준으로 크기가 점점 커지는 정사각형(그림 30)

③ 정사각형 내부에 또 다른 정사각형이 계속 들어가는 형태(그림 31)

④ 여러 개의 직사각형이 원을 이루는 형태(그림 32)

⑤ 수평 지름[8]부터 수직 지름까지. 대칭축이 동일하고 한 변의 길이가 동일한 여러 가지 마름모(그림 33)

⑥ 공통의 꼭짓점을 가진 마름모들로 이루어진 별(그림 34a, b)

⑦ 밑변과 높이가 같은 평행사변형들. 이 그림 속에서 찾을 수 있는 또 다른 사각형은 어떤 것이 있나?(그림 35)

⑧ 평행사변형으로 이루어진 별(그림 36)

⑨ 이등변 삼각형 내부의 등변사다리꼴. 사다리꼴의 형태가 조금씩 달라진다.(그림 37)

⑩ 원의 현[9]을 이용한 등변사다리꼴(그림 38)

⑪ 델토이드 별(등각사변형, 그림 39)

⑫ 사각형을 동일한 형태의 조각으로 나눌 때 다양한 사각형에서 가장 쉽게 만들 수 있는 형태는 무엇인가? 가능한 한 여러 사례를 찾아보라.

그림 29

그림 30

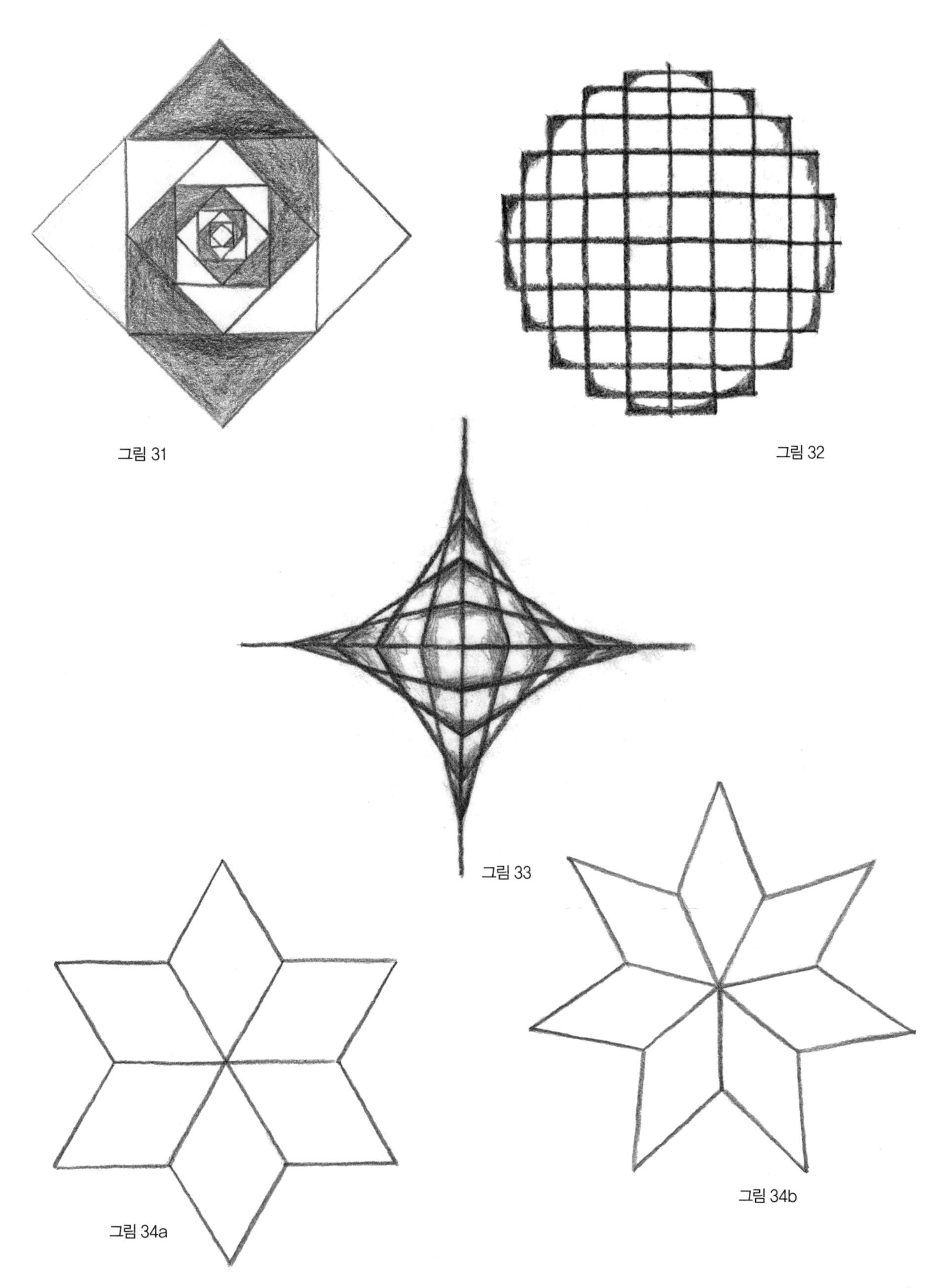
그림 31

그림 32

그림 33

그림 34a

그림 34b

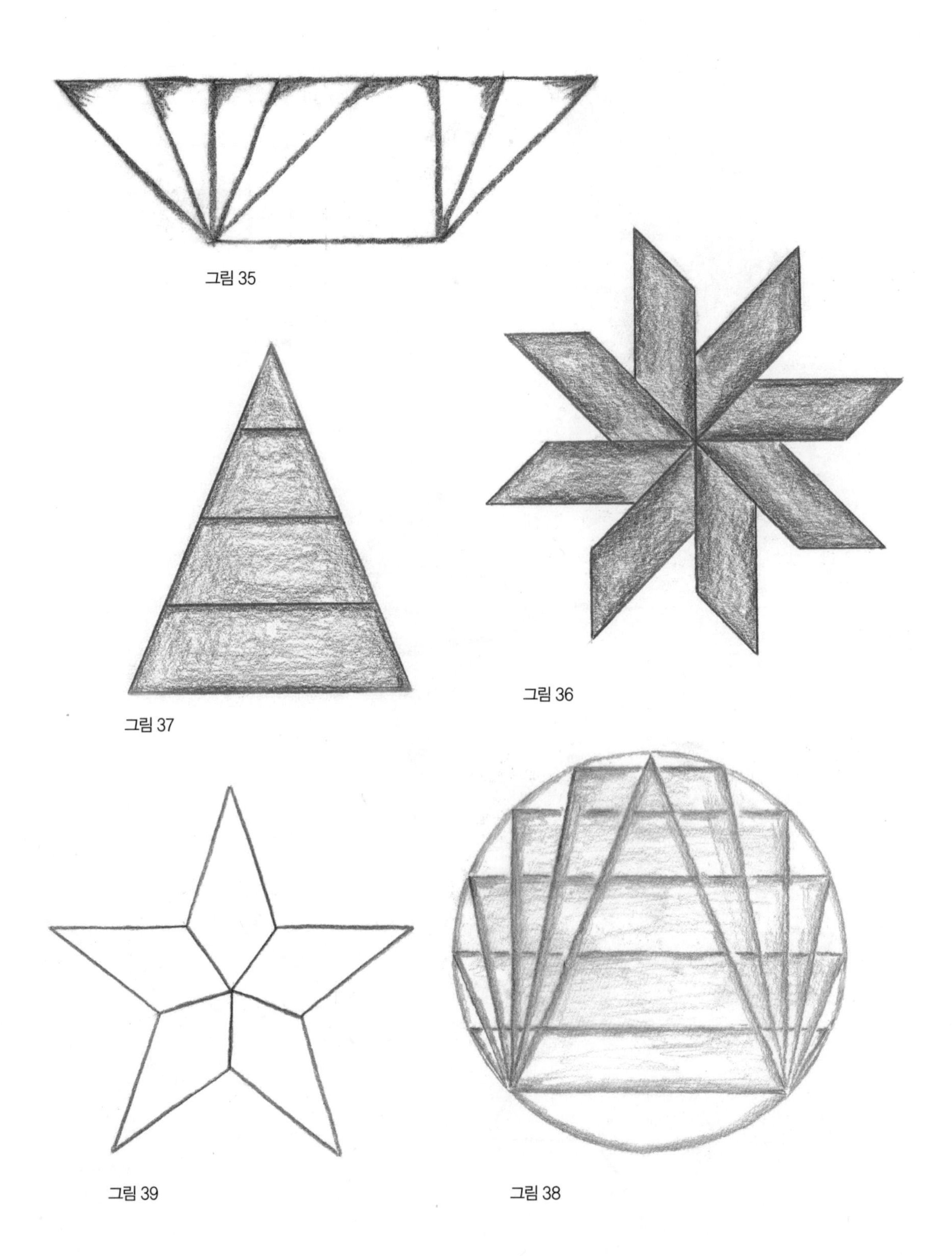

그림 35

그림 36

그림 37

그림 38

그림 39

구 주변의 빛과 그림자

9, 10세 무렵에 일어나는 중요한 발달 단계를 거친 아이들은 내적으로 전보다 훨씬 깨어있는 의식으로 공간 개념을 다룰 수 있게 된다. 원근법으로 공간 관계를 보는 것은 6학년에서야 시작하고 입체 기하는 상급과정부터 배우지만 그 전부터도 기회가 닿는 대로 형태와 공간의 관계에 대해 이야기하는 것이 좋다.

특히 구체가 만드는 그림자는 관찰하기에 더없이 좋은 소재다. 아침 햇살이 잘 들어오는 교실이라면 미술상에서 스티로폼 공을 사두고 맑고 환한 날을 기다린다. 수업 일정에 무리가 되지 않는다면 그날은 햇살이 비쳐 들어오는 교실에서 구가 만드는 그림자를 관찰한다. 플라스틱 머리가 달린 압정에 실을 길게 묶어 공을 매달고 바닥에 넓은 흰색 도화지를 깐다.

실에 매단 공을 햇빛이 들어오는 쪽에 걸고, 공에 비치는 빛과 그림자의 관계를 관찰하고 토론한다. 태양을 향한 부분이 가장 환하고 멀어질수록 어두워지다가 태양을 등진 부분에선 그림자가 생긴다. 태양을 바라보는 부분에서 공은 햇빛에 대해 밝음으로 '응답'한다.

공에 대해 충분히 관찰하고 이야기를 나눈 다음, 이번에는 하얀 도화지를 햇빛에 수직이 되게 공 뒤에 세운다. 구체가 어느 방향에서 봐도 둥근 것처럼 공의 그림자도 둥글다. 도화지를 빛의 진행방향에 조금 기울게 놓으면 그림자는 길어지면서 타원형이 된다. 도화지의 위치를 이쪽저쪽으로 바꾸면서 관찰을 계속한다. 도화지를 원통형으로 말면 타원이 아닌 계란 모양이나 물방울 모양 그림자도 나온다. 하지만 지금은 원형이나 타원형 그림자에 대해서만 이야기를 나눈다. 어느 방향에서 봐도 둥근 모양의 공에서 어떻게 타원형의 그림자가 나오는 것일까?

잠시 화제를 바꾸어 실제로는 빛을 볼 수 없다는 사실에 주목한다. 오직 어떤 사물을 빛 아래 두었을 때 그 사물이 햇빛으로 인해 환해지는 것을 볼 수 있을 뿐이다. 이와 함께 공 뒤에 생기는 그림자도 볼 수 있다. 빛과 어둠은 도화지가 있는 곳에서만 나타난다.

그런 다음 빛 영역과 그림자 영역에 대해 이야기를 나눈다. 태양은 빛 영역을 만들고 공은 그림자 영역을 만든다. 우리는 공 뒤쪽 도화지의 위치를 앞뒤로 움직이면서 그림자 영역의 모양을 결정할 수 있다. 그림자 영역 자체는 눈에 보이지 않지만 도화지를 공에 가까이 놓거나 멀리 놓으면 눈에 보이게 만들 수 있고, 그 자체로는 식별할 수 없지만 그림자 영역의 형태를 묘사할 수도 있다. 그림자 영역은 둥근 기둥이나 소시지처럼 원통형이다. 그림자는 도화지가 그림자 영역을 자를 때 나타난다. 따라서 그림자 영역을 진행 방향에 수직으로 자르면 소시지를 세로로 잘랐을 때처럼 둥그스름하고 넓은 표면이 나온다. 그림자 영역을 비스듬하게 자르면 타원 모양이 나온다.

그림자는 빛 영역과 그림자 영역을 어떤 물체의 표면으로 자를 때 생긴다. 다른 방해 요소가 없을 때 그림자의 모양은 기본적으로 그림자를 만드는 사물의 형태와 위치에 따라 달라진다. 뿐만 아니라 그림자를 나타나게 하는 표면의 위치와 형태에 따라서도 상당한 영향을 받는다. 현실에서는 다른 어떤 요인보다 광원의 형태가 큰 영향을 미치지만 이에 관해선 몇 년 뒤에 다루기로 한다.

이 같은 아주 기본적인 수준의 관찰만으로도 아이들의 공간 지각 능력은 크게 활발해진다. 중요한 것은 빛살 같은 추상적인 가설이 아니라 공간의 형태와 경계, 단면의 형태를 관찰하는 것이다. 칠판에 그림을 그릴 때는 선이 아니라 색분필의 넓은 부분을 이용해서 면으로 표현해야 한다.

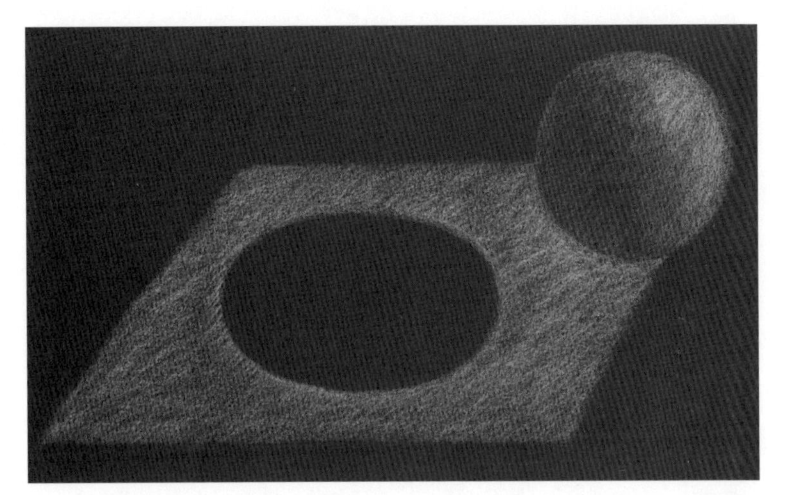

그림 40

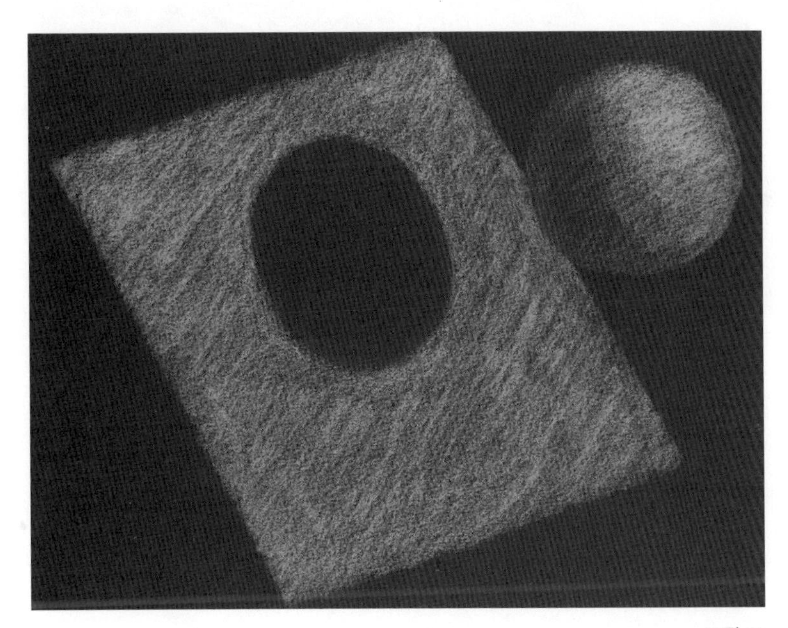

그림 41

여러 가지 표면에 생긴 공의 그림자

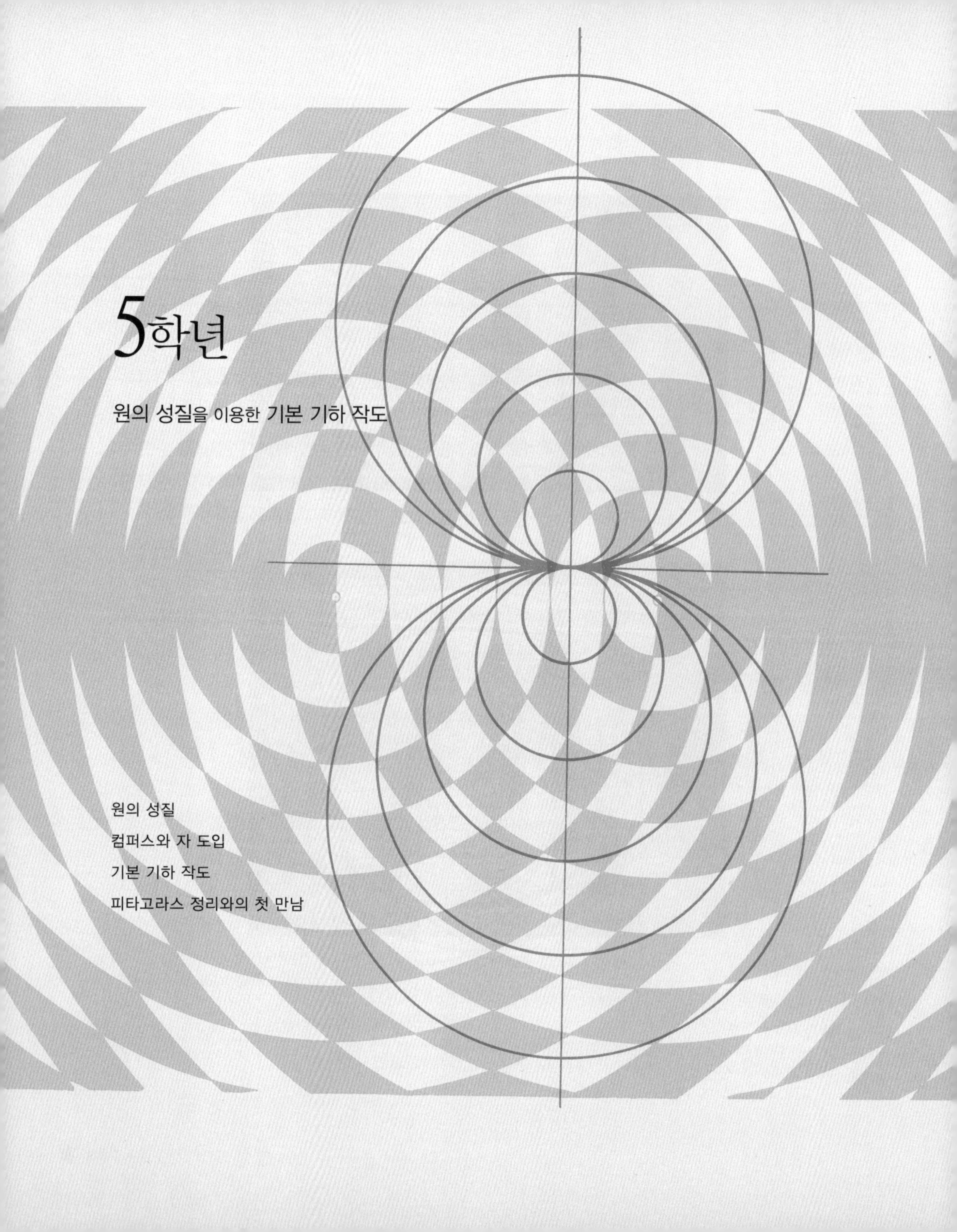

5학년

원의 성질을 이용한 기본 기하 작도

원의 성질

컴퍼스와 자 도입

기본 기하 작도

피타고라스 정리와의 첫 만남

원의 성질

5학년 기하도 형태그리기의 연장선으로 아직 컴퍼스와 자를 도입하지 않는다는 점에서 4학년과 크게 다르지 않다. 이어서 소개하는 작도는 엄밀히 말하면 수학 교과에 해당한다.

본문에서 제안하는 대칭 형태들은 (적어도 부분적으로는) 맨손 기하를 따르는 것으로 이해해야 한다. 주요수업 중 그림을 그리는 시간이 되면 먼저 원과 대칭 형태를 도입한다. 그런 다음 그날의 주제에 해당하는 형태를 시작한다. 하지만 한동안은 새로운 방식으로 원을 그리고 원에 대해 토론하는데 충분히 시간을 할애해야 한다.

원

4학년 기하 수업처럼 먼저 원으로 시작한다. 하지만 이번에는 과정을 통해 원이 나오게 한다. 샘에서 물이 퐁퐁 솟아나듯 면으로 이루어진 작은 원이 퍼져나간다고 상상해보자.(그림 42) 두 번째 그림(그림 43)에서는 예를 들어 사방에서 파랑이 다가와 첫 번째 형태를 감싸며 둥근 형태를 만든다. 이제 아이들에게 노랑과 파랑을 번갈아 사용하며 두 그림을 동시에 그리게 한다. 노랑은 항상 둥근 형태의 내부를 채우면서 바깥쪽으로 커지고, 파랑은 바깥에서 안쪽으로 감싸며 들어오다가 가운데 원형 공간을 남기고 멈춘다.

아이들이 중심에 있을 때와 주변에 있을 때(의식을 외부로 확장시켰을 때처럼)의 양극적인 느낌을 경험하게 한다.

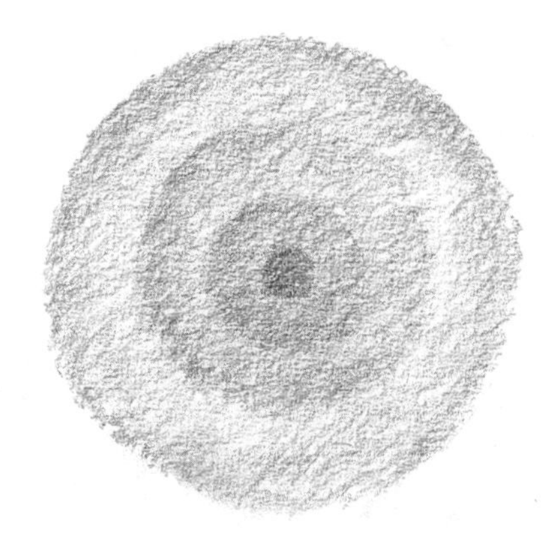

그림 42 확장하는 원형 공간. 내부의 원이 형태를 채운다

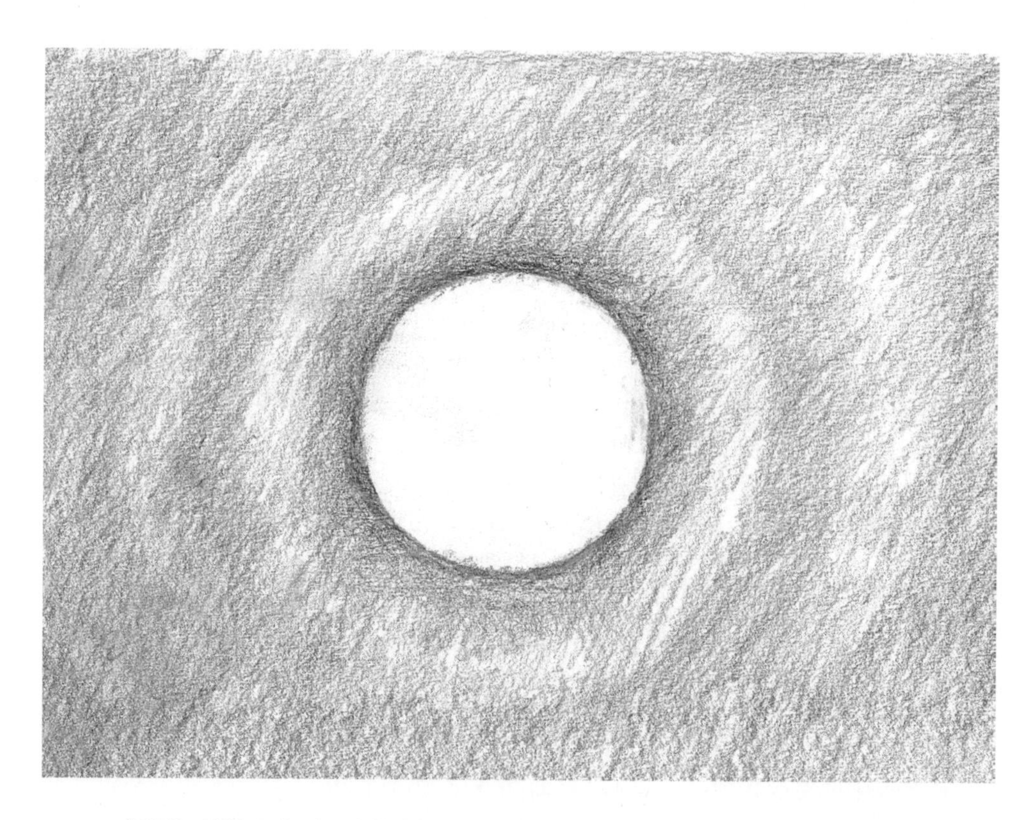

그림 43 에워싸는 원형 공간. 외부의 원이 형태를 감싼다

세 번째 그림(그림 44)에서는 두 과정을 동시에 진행한다. 노랑으로는 점점 커지는 면으로 이루어진 원이 나오게 하고 파랑으로는 원을 둘러싸는 껍질 또는 외피가 나오게 한다. 두 흐름이 만나는 곳에서 선으로 된 원이 생긴다.

그림 44 내부와 외부의 원이 만나 선으로 된 원이 생긴다

폭풍우 치는 해안에서 해류가 맞부딪치며 흐르는 것을 생각해보면 된다. 나가는 물과 들어오는 물이 충돌하면서 파도의 선이 생긴다. 세 번째 그림에서 힘의 역동을 느낄 수 있는 이유다. 두 해류가 부딪치면서 파도의 선이 생기는 것처럼 선으로 된 원은 역동적 흐름의 결과로 생겨난다. 평면의 경우처럼 균일하고 일정한 상태로 존재하는 것이 아니라 움직이는 과정에서 탄생하는 것이다.

이 두 가지 움직임을 두 장의 단색 그림으로도 표현할 수 있다. 노랑은 팽창하면서 수축하고, 흘러 나가면서 안으로 모은다. 이 움직임의 몸짓은 확장과 압축이다. 파랑 외피는 단단히 조이거나 확장한다. 이 움직임의 몸짓은 감싸기와 팽창이다.[10]

원의 경계를 결정하는 직선과 점

4학년 기하에서는 원에서 출발해서 타원, 삼각형, 사각형과 같은 여러 형태를 이끌어냈다. 거기엔 두 종류의 움직임이 존재했다.(직진=위치 이동, 회전=방향 전환) 원은 이 움직임에서 나온 점과 선의 집합으로 나타난다.[11]

5학년 수업에서 이것을 다시 언급하면서, 걸어서 원을 그릴 때 발을 디딘 위치만큼 점을 찍으면 그 점에 그은 원의 접선의 수만큼 방향이 있다는 사실에 주목한다. 4학년 수업을 복습하는 차원에서 아이 한명을 불러내 원으로 걷게 한 다음 완성된 움직임을 칠판에 그림으로 그린다.(그림 45) 이번에는 아이에게 원이 점점 작아지다가 마침내 한 점으로 줄어 제자리에서 빙빙 도는 움직임만 남도록 걸어보라고 한다. 이렇게 하면 한 점과 그 점을 통과하는 모든 직선들로 이루어진 선다발[01]이 나온다. 이 선들은 그 점 위에서 시계 방향과 시계 반대방향 양쪽으로 회전할 수 있다.(그림 46)

이제 그 원을 다시 확장시켜 보자. 선다발을 바깥쪽으로 펼친다고도 말할 수 있다. 원이 커질수록 직진 움직임이 두드러지고 회전은 줄어든다. 원은 계속 커지다가 마침내 교실에서 걸을 수 없거나 칠판 위에 그릴 수 없을 정도가 된다. 그래도 아이들에게 상상 속에서 원을 계속 키워 무한대까지 확장시켜보라고 한다. 이 단계에 이르면 직진과 회전 중에서 직선 위에서 직진하는 움직임만 남는다.(그림 47) 점으로 이루어진 직선을 점선이라 부른다.[12]

---

01 Strahlenbündel(pencil of lines) 선묶음, 선속線束

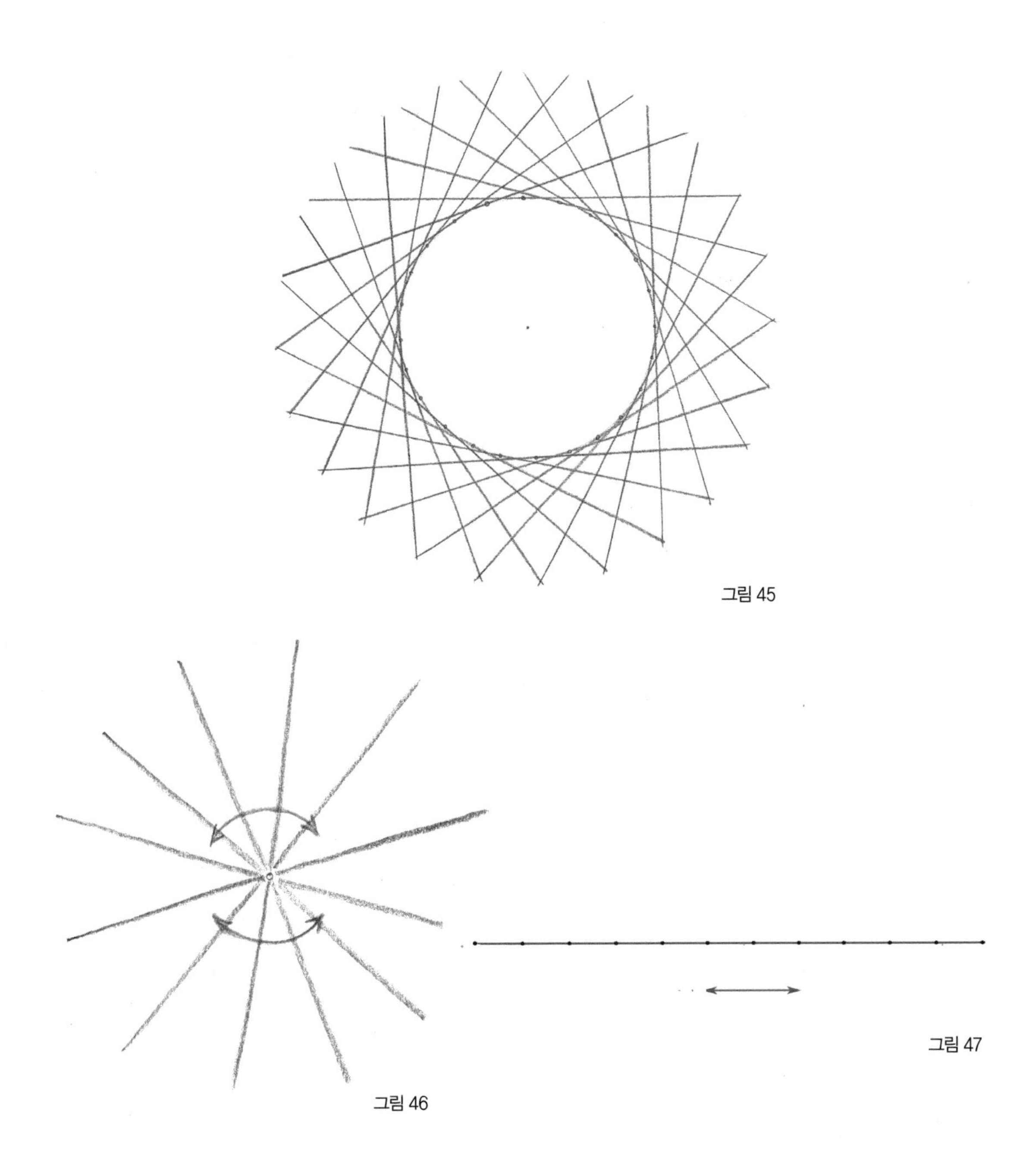

그림 45

그림 46

그림 47

<u>접선으로 이루어진 원은</u>
<u>한 점을 통과하는 선다발과 점선에서 나온다</u>

선다발과 점선이라는 원의 두 가지 경계 형태와 그 양극성에 대해 아이들과 가능한 한 깊이 있게 토론한다. 간단히 말해서 원의 내부와 외부를 점과 직선에 관련시켜보면 각각의 점은 유한하게 보인다고 생각할 수 있다. 가운데 샘물의 중심점에서 노란 원형의 면이 확장될 수 있었던 이유가 바로 이것이다. 모든 직선은 이미 그 자체로 무한하다. 점이 공간을 채우면서 만든 형태 주위에서, 선은 외투처럼 그 둥근 형태를 감싼다. 원 바깥에 있는 직선 전체를 수학에서는 포락면(껍질)이라고 부른다.(그림 48) 점으로 이루어진 내부는 핵(알맹이)이라고 부른다.(그림 49) 이를 보통 원의 면 영역이라고 한다.

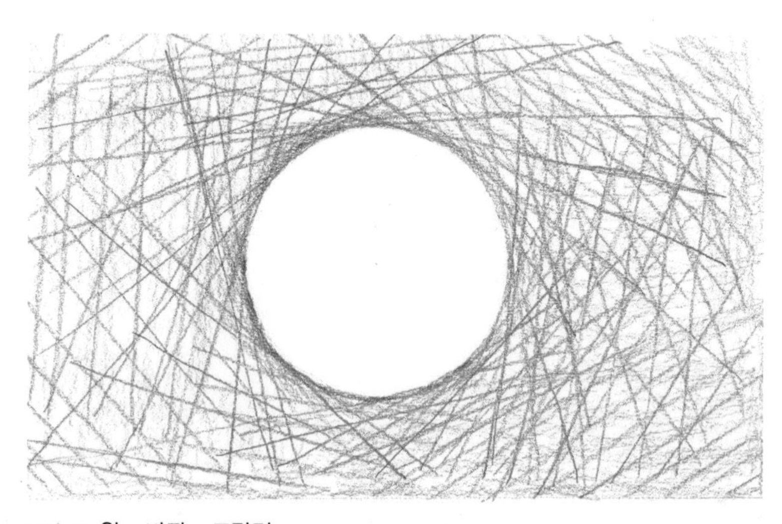

그림 48 원 – 바깥 – 포락면

그림 49 원 – 내부 – 핵

점과 원, 직선과 원의 관계

앞의 내용을 토대로 이제 원과 점, 원과 직선이라는 양극적 관계를 살펴보자. 양극이라는 단어는 서로 대립하지만 여전히 서로를 향해 작용하는 것을 의미하며, 가장 단순한 예로 자석의 N극과 S극이 있다. 이런 양극적인 관계는 상급 학년(10, 11학년)에서 더 자세히 다룰 거라고 아이들에게 말해 준다.

원(선 영역)에서 가장 특별한 점은 '원의 중심'이다. 원의 중심을 지나는 선은 중심선(그림 50a)이라고 부른다. 중심선은 원 위에 반대쪽에 놓인 두 점을 지나면서 원을 반으로 나눈다. 이처럼 원의 중심을 지나면서 마주보는 두 점을 잇는 선분을 원의 지름이라고 부른다. 지름의 절반, 원의 중심에서 원 위에 있는 한 점까지의 거리를 반지름이라고 한다.

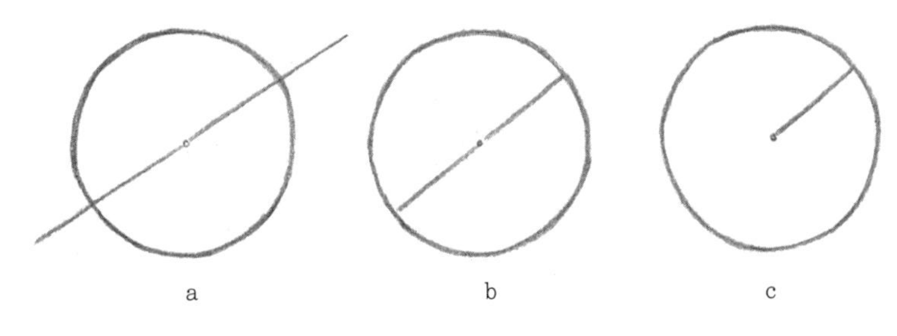

그림 50 원의 중심선, 지름, 반지름

중심선과 원이 만나는 양 끝점에 그은 접선을 잘 보면 두 접선은 서로 평행하며 무한을 향해 뻗어나간다. 이렇게 원의 내부에 있는 원의 중심은 무한과 관련이 있다. 여기서 우리가 앞서 파랑으로 그렸던 원의 껍질이 나오고 그것이 중앙을 향해 확장한다. 모든 중심선이 지나는 원의 중심은 모든 방향으로 뻗은 무한과 동등하다.[13]

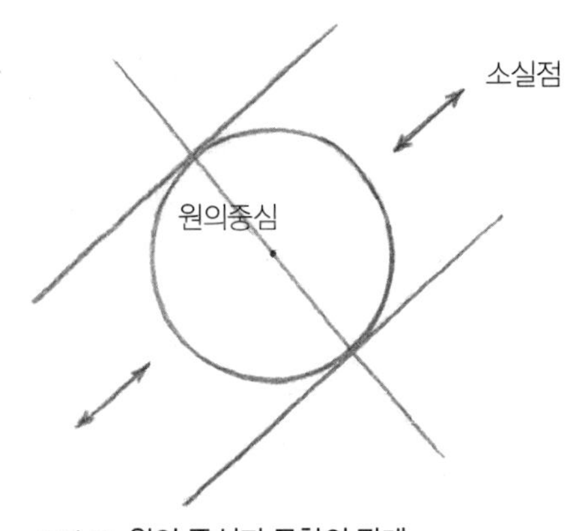

그림 51 원의 중심과 무한의 관계

이제 한 직선이 무한에서 원을 향해 다가올 때, 그 직선과 원이 관계하는 다양한 위치를 하나씩 살펴보자. 원과 만나지도 접하지도 않는 직선은 파산트[01]라고 부른다. 원과 접하는 직선은 접선, 원과 두 점에서 만나면서 원을 분할하는 선은 할선이라고 부른다. 앞에서 살펴보았듯이 원의 중심을 지나는 선은 중심선이다. 본질적으로 원과 직선의 관계를 결정하는 가장 중요한 요인은 교점의 수다. 여기서 현의 개념도 함께 정의해준다. 현이란 할선과 원이 만나는 두 교점 사이의 선분을 말한다.

다음으로 원과 직선의 관계에 상응하는 점의 종류를 구별해 보자.(그림 52) 여기서 소개하는 점은 접점을 제외하고 흔히 사용하지는 않지만 직선과 원의 위치에 따른 구분과 정확히 상응한다. 원 내부에 있는 점(그림 52a)에서는 원에 접선을 그을 수 없다. 이 점은 원과 만나는 점이 없는 선인 파산트(그림 52b)에 상응한다. 이런 점을 회피점이라고 부를 수 있다. 이 점이 바깥쪽으로 이동하다가 원의 경계에 이르면 한 직선을 원과 공유하게 된다. 이것을 경계점 또는 접점(그림 52c)이라고 부른다. 원 바깥에 있으면서 원과 두 개의 직선을 공유하는 한 점(그림 52e)은 원과 두 점에서 만나는 할선(그림 52f)에 상응한다. 이것을 연결점이라고 부를 수 있다. 원 위의 정확히 반대쪽에 놓인 두 점을 갖는 중심선(그림 52h)은 무한히 먼 곳에서 원의 반대편에 위치하는 두 개의 평행하는 접선을 보내는 한 점에 상응한다. 이를 소실점(그림 52g)이라고 부를 수 있다.

이런 용어를 아이들에게 다 알려주어야 한다고 생각하지는 않는다. 하지만 원과 직선, 원과 점의 양극적 관계에 주의를 기울이게 해주어야 한다.

---

01 우리말에 해당 용어가 없는 경우엔 독일 원어를 그대로 옮겼다. Passante 지나가는 선

그림 52 점과 원, 직선과 원의 관계

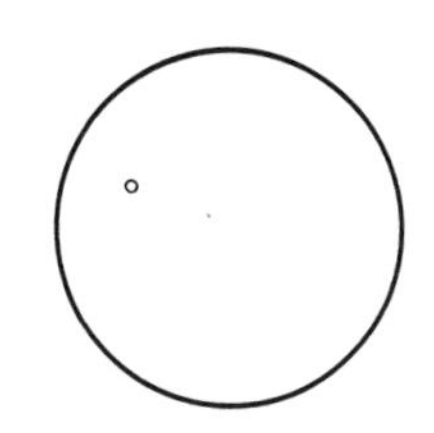

a 회피점

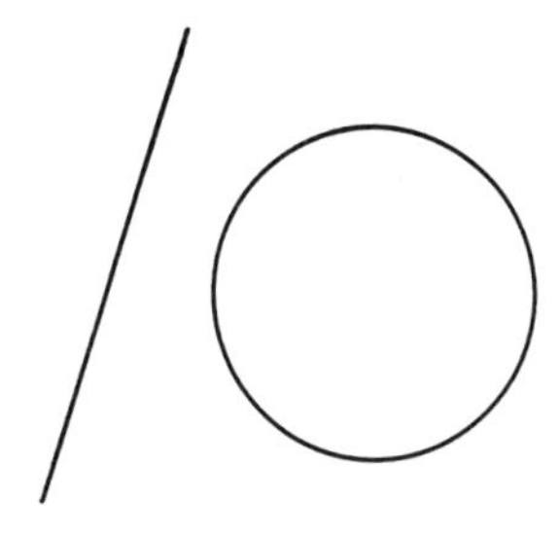

b 파산트

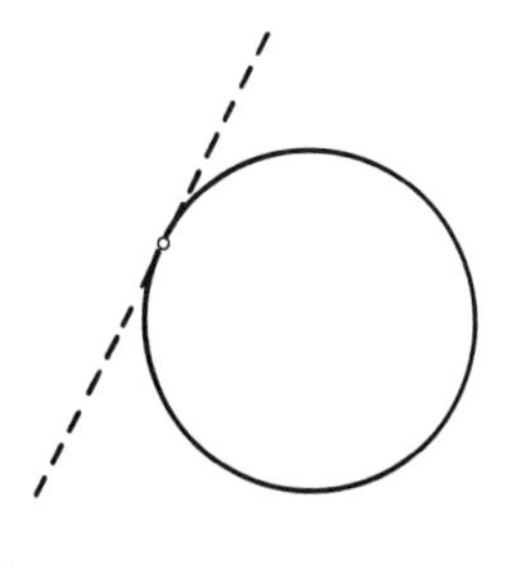

c 접점

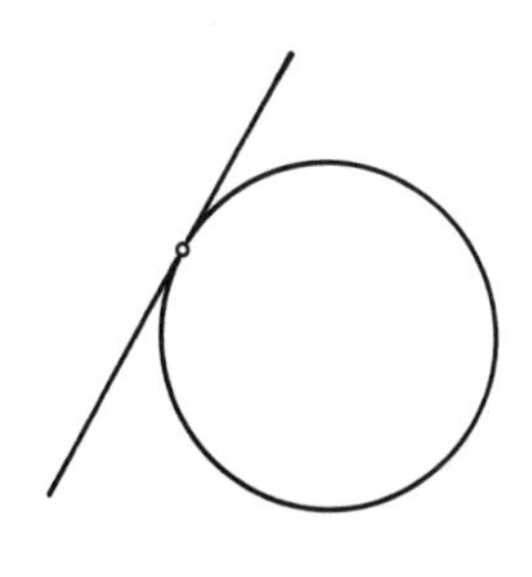

d 접선

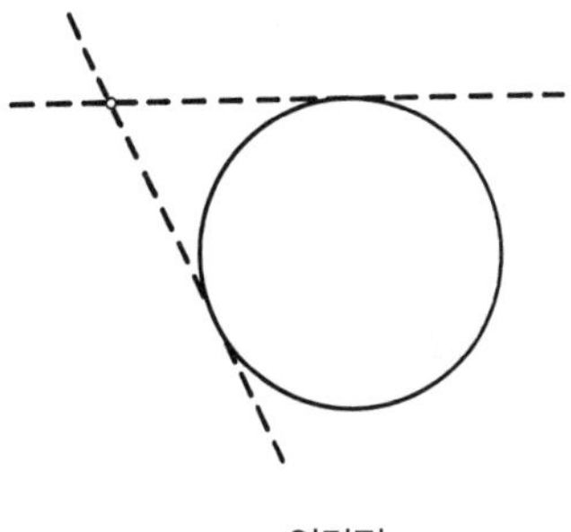

e 연결점

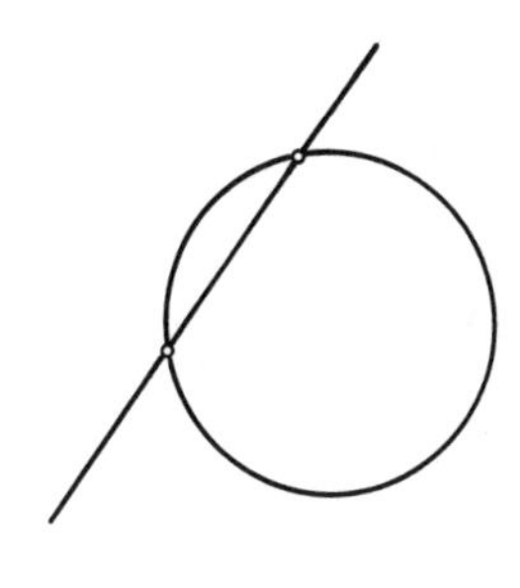

f 할선

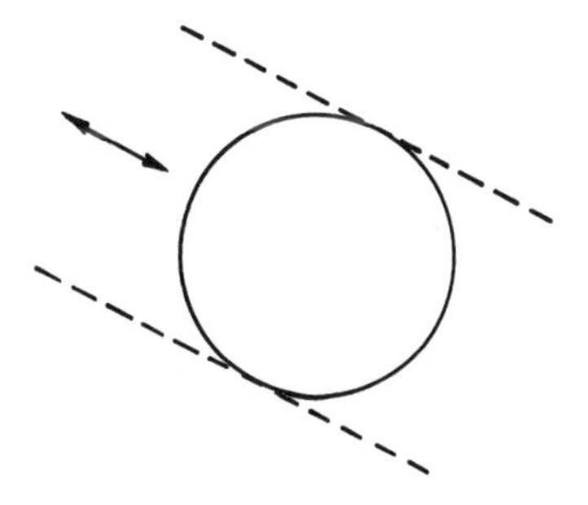

g 소실점

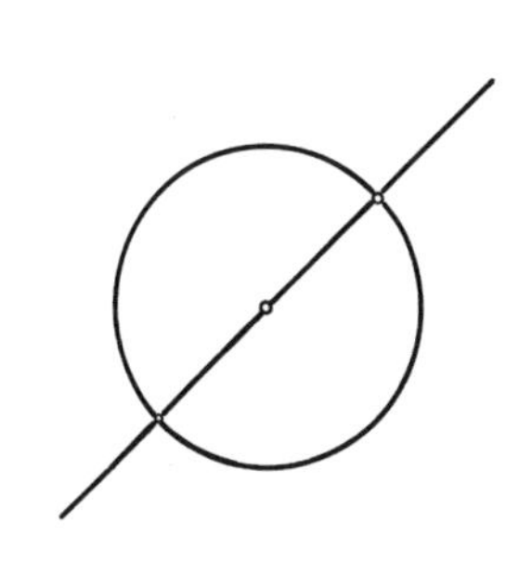

h 중심선

원의 대칭

지금까지 아이들은 다양한 형태그리기 연습을 통해 축 대칭을 오랫동안 접해왔다. 기하학을 공부하는데 있어 대칭에 대한 이해는 아주 중요한 의미를 갖는다. 여기서는 특히 원과 기본 도형을 중심으로 대칭을 살펴볼 것이다. 공식적인 분류 체계를 너무 빨리 도입하지 않도록 주의한다. 대칭에 대해 설명하는 동시에 기본 도형 하나를 구체적인 사례로 들어 살펴본다. 예를 들어 사각형에 대해 설명하면서 사각형 가문에서 대칭축을 도출해보는 것이다.

그런 다음 아이들에게 원의 대칭축은 무엇일까 물어본다. 답은 아주 쉽게 찾을 수 있다. 모든 중심선, 그리고 그것만이 원의 대칭축이다.(그림 53)

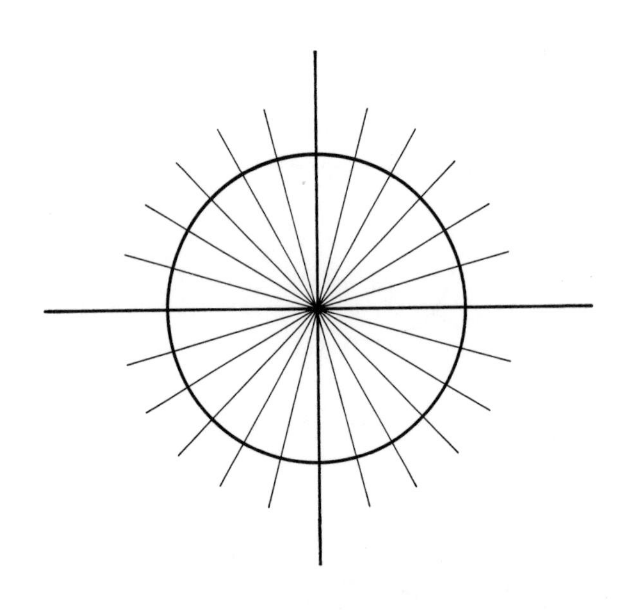

그림 53 모든 중심선, 그리고 그것만이 원의 대칭축이다

이번에는 첫 번째 원의 중점을 이동시켜 크기가 같은 두 번째 원이 나오게 해보자.(그림 54a) 두 원으로 구성된 새 형태에는 대칭축이 두 개밖에 없다. 첫 번째는 두 원의 중점을 잇는 선이고, 두 번째는 두 원의 교차점을 연결하는 선이다. 두 대칭축은 서로 수직이다.

이제 원의 중심을 좀 더 멀리 이동시켜서 두 원이 서로 접하는 형태를 만들어보자.(그림 54b) 이때는 두 원의 공통 접선이 두 번째 대칭축이 된다. 두 원의 중점을 더 멀리 떨어뜨리는 경우에도 두 번째 축이 두 원의 중심을 연결하는 선을 수직으로 이등분한다.(그림 54c)

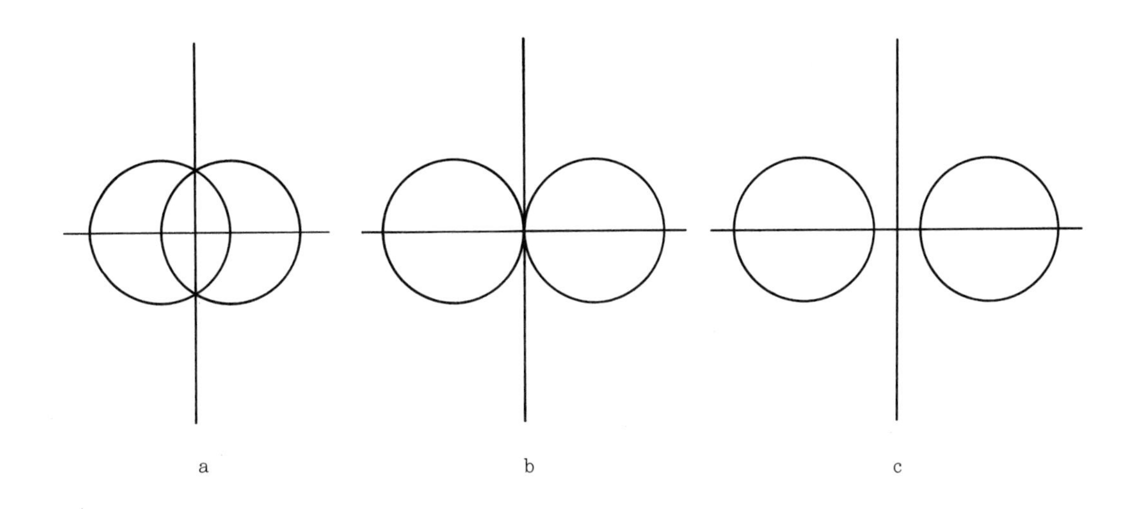

그림 54 반지름이 같은 두 원의 대칭축

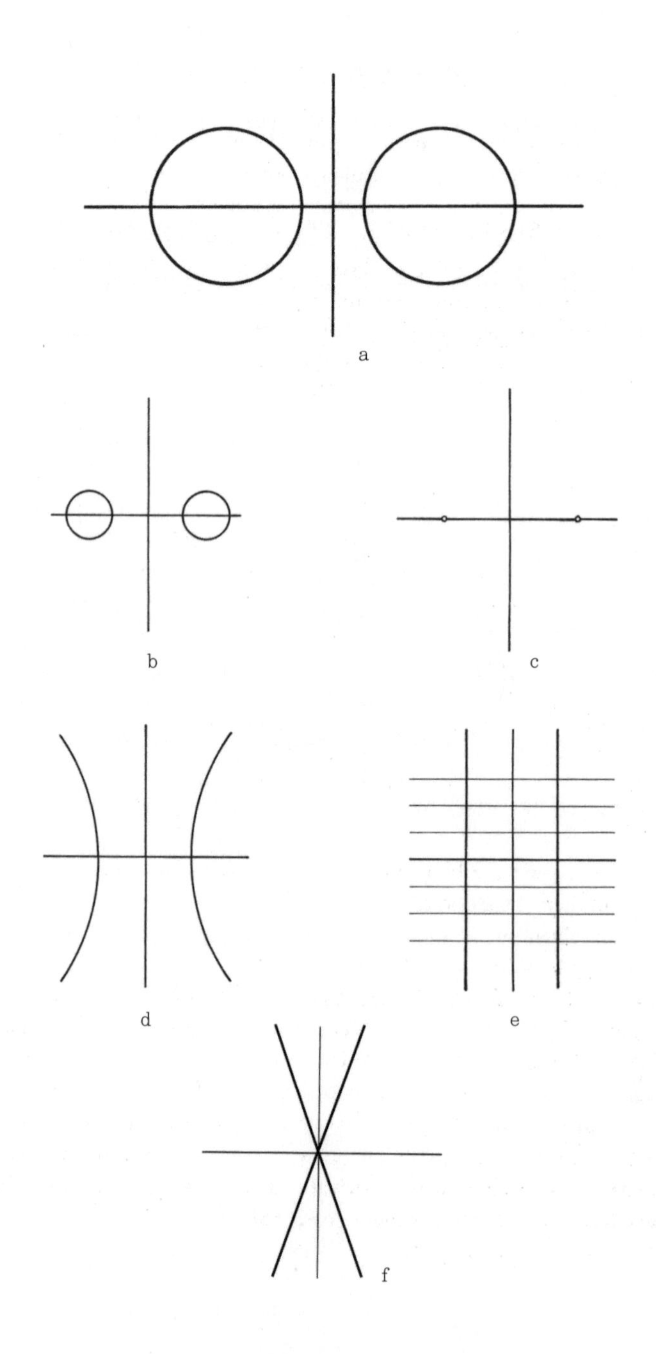

그림 55 두 원의 대칭과 극단적 변형 형태

형태를 다른 방식으로 변형시킬 수도 있다. 원의 크기가 점점 작아지다가 마침내 하나의 점이 되게 해보자.(그림 55) 두 개의 점으로 이루어진 지극히 단순한 형태에도 두 개의 대칭축이 존재한다.(그림 55c)

원을 점점 크게 만드는 방식으로 변형시켜볼 수도 있다. 원의 크기를 계속 키우다보면 마지막엔 선이 된다.(그림 55d, e)[14] 두 선이 평행한 경우에는(그림 55e) 다시 한 번 수많은 대칭축이 만들어지는 아주 재미있는 현상이 벌어진다. 처음 두 원의 중심을 연결했던 선과 평행한 모든 직선도 대칭축이 된다. 이 때 두 번째 대칭축은 지금 평행선 중 한가운데 있는 선이다. 하지만 두 직선이 서로 교차하는 경우에는 그림처럼 대칭축이 두 개밖에 나오지 않는다.(그림 55f)

두 원의 반지름에 변화를 줄 때도 흥미로운 형태 변형이 일어난다.(그림 56b, c/ 56d, e) 이 경우에는 두 원의 중심을 잇는 선만이 유일한 대칭축이 된다.

여기서도 점이나 직선만 존재하도록 형태를 극단으로 변형시켜 볼 수 있다.(그림 56f) 점이 직선 위에 있지 않을 때 한 점과 한 직선으로 이루어진 형태는 정확히 하나의 대칭축을 가진다. 하나의 원과 그 할선으로 이루어진 형태는 특별히 짚어주어야 한다. 이 때 대칭축은 할선의 현을 수직으로 이등분한다.(그림 56g)

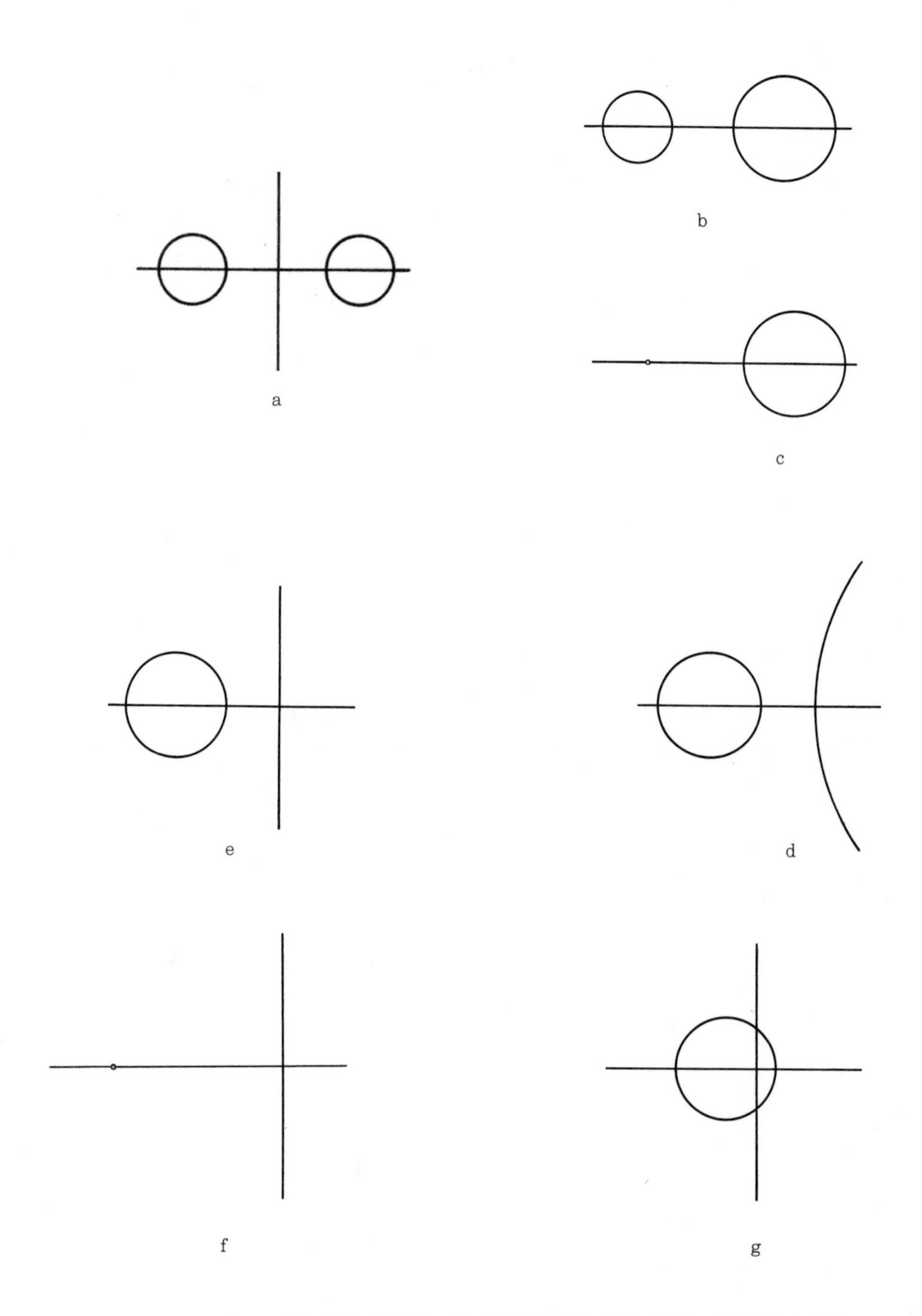

그림 56 여러 가지 반지름을 갖는 두 원의 대칭과 극단적인 변형 형태의 대칭

원 그리기 연습

원의 특성에 대한 토론과 함께 맨손 기하 연습도 병행해야 한다. 아래 소개한 그림 중 몇 가지는 아래 학년에서 그려본 것일 수 있다. 그렇더라도 그릴 때마다 새로운 측면을 경험하게 되고, 그림의 완성도가 높아진 것을 보면서 그동안 자신들이 얼마나 성장했는지도 느낄 수 있기 때문에 문제는 되지 않는다. 컴퍼스와 자를 도입해서 동일한 그림을 작도해보는 것도 좋다. 과거에 그렸던 그림을 떠올리면서 손의 능력과 도구의 정확성을 비교해볼 수 있다.

① 원(그림 57)
② 내부에서 외부로 쌓이며 형성되는 동심원(반대방향으로도 그려본다)(그림 58)
③ 성장하는 씨앗(그림 59)
④ 한 점과 한 직선 사이에 여러 개의 원을 균형 있게 포개기(그림 60)
⑤ 원 안에 그린 여러 개의 삼각형 (유연한 지각과 형태 비교 연습)(그림 61a, b)
⑥ 원으로 만든 꽃모양(그림 62)
⑦ 오각형 안에 그린 다섯 꼭짓점 별(그림 63)
⑧ 사각형 안에 사각형 계속 포개기(그림 64)

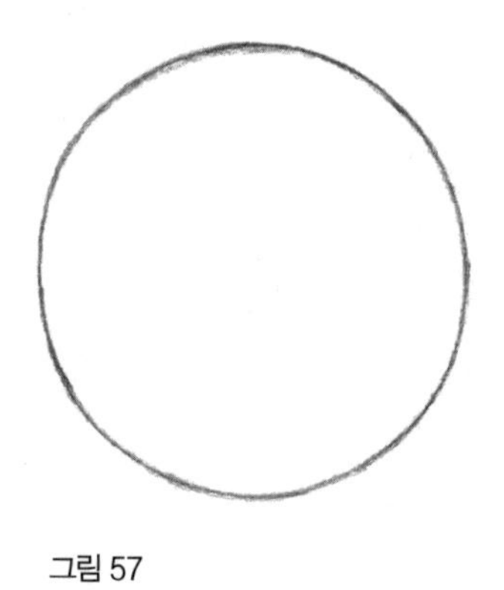

그림 57

그림 58

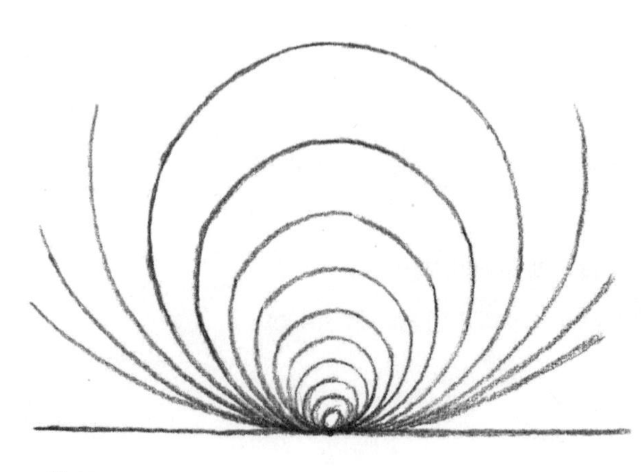

그림 59

그림 60

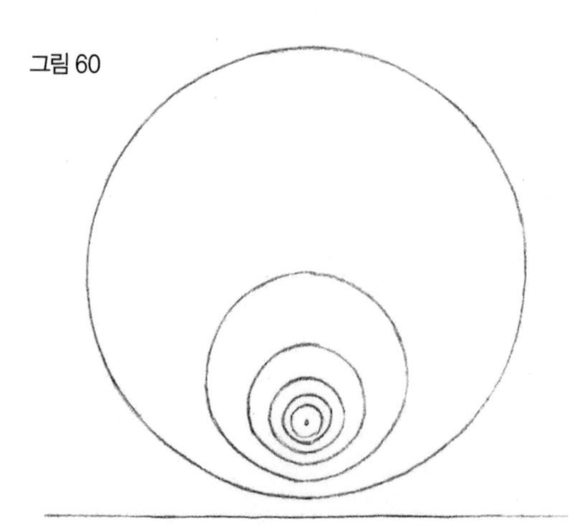

원 그리기 연습

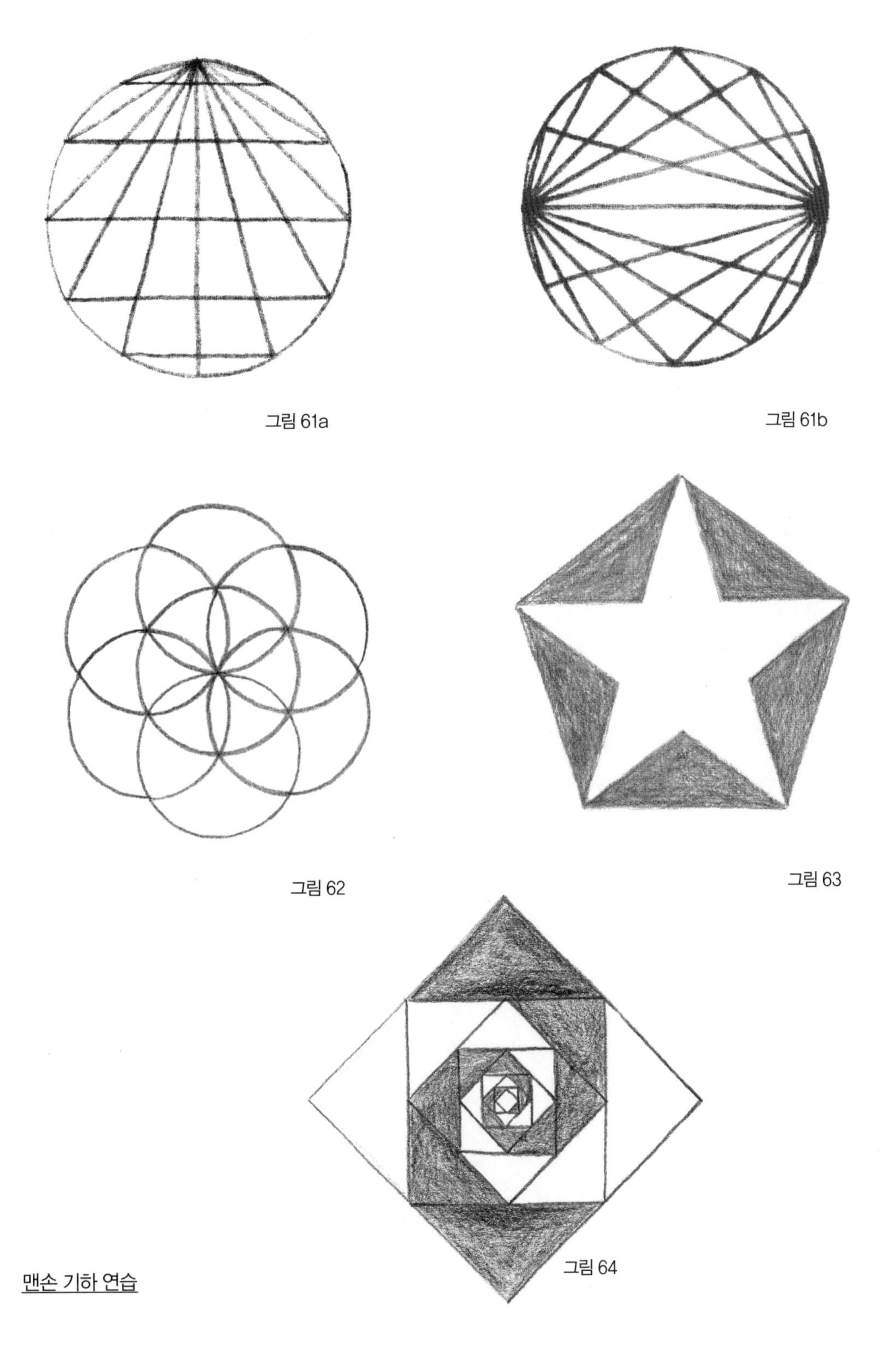

그림 61a

그림 61b

그림 62

그림 63

그림 64

맨손 기하 연습

컴퍼스와 자 도입

컴퍼스와 자를 도입하면서 단지 작도가 좀 더 정확해지는 가능성만 열리는 것은 아니다. 이는 완전히 새로운 과제와 질문을 위한 개념 및 개념 사이의 관계를 만나게 해주는 수단이기도 하다. 예를 들어 맨손 기하로 선분의 중점을 정확하게 작도하라는 과제는 적절하지 않더라도 사각형 내부에 사각형을 연속으로 만드는 형태(그림 64)처럼 한 변의 중점을 찾는 연습을 계속 하다보면 정확한 감각과 눈과 손의 협조 능력이 자라게 된다. 반대로 컴퍼스와 자를 사용하게 되면 특정한 동작이 도구의 특성으로 미리 결정되어 버린다. 이 내용은 개념으로 설명하고 사고 속에서 파악할 수 있다. 도구를 사용하게 되면서 운동 능력의 발달이 수학의 내용과 분리되기 시작한다. 이런 상태는 실제 손발의 움직임과 모니터에 나타나는 내용이 완전히 분리되는 기하 컴퓨터 프로그램 사용의 경우에서 가장 극명하게 드러난다.

기하 도구는 수업에 도입하기 몇 주 전부터 준비하기 시작한다. 먼저 학년 모임에서 학부모들에게 안내를 하고 가정에 적당한 컴퍼스나 작도 도구가 있는지 묻는다. 있다면 아이들의 이름을 써서 학교로 가져오라고 한 다음 충분히 시간을 들여 꼼꼼히 살피고 쓸 만한 지 판단한다. 새로 사야할 경우라면 교사가 필요 수량을 한꺼번에 구입하는 것이 좋다. 컴퍼스는 다리의 연결 부분이 견고해서 작도 중에 자꾸 틀어지지 않는지를 기준으로 선택해야 한다. 큰 그림을 그릴 때를 대비해서 다리 길이를 연장할 수 있는 것이 좋다. 좋은 컴퍼스와 함께 눈금이 있는 12인치 자, 삼각자, 연필, 색연필, 연필깎이와 컴퍼스 심을 갈 수 있는 고운 사포도 필요하다. 잉크를 찍어서 쓰는 펜은 번질 수 있기 때문에 기하 작도에 적당하지 않다. 기하 주요수업을 시작하기 전에 교실 비품함에 적어도 모든 아이의 컴퍼스와 자가 준비되어 있어야 한다. 그림을 그릴 수 있는 무지 공책과 함께 큰 그림을 그릴 때를 대비해서 큰 도화지도 준비해둔다. 도화지에 그린 그림은 파일이나 화집에 따로 보관한다.

그러나 작도 수업 첫 날에 준비한 도구를 모두 나누어주지는 않는다. 먼저 컴퍼스의 각 부분을 설명하고 어떻게 사용하는지 시범하는 것이 좋다. 컴퍼스 바늘은 쉽게 휘어지기 때문에 바닥에 떨어뜨리면 컴퍼스를 못 쓰게 될 수 있다고 미리 주의도 준다. 컴퍼스의 양 다리에 적당한 이름을 각각 지어 붙이고, 연필심과 바늘을 빼고 끼우는 법, 조임 나사를 잃어버릴 때 생기는 문제, 사포를 이용해서 연필심 끝을 쐐기모양으로 (둥글게 만들지 않아야 한다) 가는 방법, 마지막으로 컴퍼스를 제대로 쥐고 원을 그리는 방법 등을 직접 보여준다.

바늘이 있는 다리 부분을 왼손으로 잡고, 오른손은 컴퍼스의 머리 부분(손잡이)을 잡는다.(왼손잡이 아이들은 반대로) 컴퍼스 바늘을 원의 중심이 될 자리에 놓고 살짝 누른 다음 잡고 있던 왼손은 뗀다.(별도 제작한 웹 사이트의 사진 참고) 오른손으로 손잡이를 잡고 시계방향으로 돌리면서 컴퍼스 다리 사이의 공간이 가능한 한 종이와 직각을 유지하게 한다.(움직이려는 방향 쪽으로 살짝 기울어질 수 있다) 칠판용 대형 컴퍼스를 이용하면 지금까지 설명한 컴퍼스 사용 방법을 가장 효과적으로 보여줄 수 있다.

자에 대해서는 언급할 내용이 많지 않다. 자에서 줄긋는 부분을 손가락으로 훑으면서 요철 없이 매끄럽다는 것을 보여주고 그 부분을 바닥에 떨어뜨리거나 상처를 내면 정확한 작도에 사용할 수 없게 되니 주의하라고 일러준다. 이제 컴퍼스와 자를 나누어 주면 아이들 스스로 도구를 잘 관리할 수 있다.

이처럼 도구를 소개할 때 애정을 갖고 세심하게 설명하는 시간을 가지면 아이들은 도구를 더 소중히 다루게 된다. 좋은 도구의 가치와 의미에 대한 가르침은 결코 소홀히 여길 수 없는 지점이다.

용어와 표기법

수업을 진행하면서 그림을 간결하고 명확하게 묘사할 필요가 대두하면 꼭 짓점(점), 변, 모서리, 각을 표기하는 방법을 체계적으로 정리해준다. 전통적이고 보편한 방식을 선택할 수도 있고 다르게 할 수도 있다. 일반적으로 점은 라틴 어 대문자, 선은 라틴 어 소문자, 각도는 그리스 어 소문자로 표기한다. 이 표기법은 오늘날에도 널리 사용한다. 라틴이나 그리스 문자를 전혀 사용하지 않는 나라에서도 기하에서만큼은 이 표기법을 사용한다. 다른 나라말, 예를 들어 러시아 어로 된 기하 책도 큰 어려움 없이 이해할 수 있는 이유가 바로 여기에 있다.

학년이 올라가면 선분을 두 점A와 B로 표기하는 법을 배울 것이다. AB는 점A와 점B를 연결하는 선분이다. $\overline{AB}$는 점A와 B 사이의 선분을 지칭하는 수학적 표기법이다.[15]

직선과 원 연습

간단한 작도 연습을 계속 하면서 아이들이 새로 도입한 작도 도구에 익숙해질 시간을 준다. 시작 단계부터 교사와 아이들 모두 작도의 정확성에 모든 신경을 기울여야 한다. 심이 너무 무르지 않은 연필을 준비해서 끝을 뾰족하게 깎아둔다. 원의 중심이 직선이나 원주 위에 있다면 오차범위는 1mm 이내여야 한다. 작도를 시작하기 전에 원의 중심을 쉽게 찾을 수 있도록 정확히 표시해둔다. 이는 칠판에 작도할 때 특히 중요하다. 여러 개의 원이 겹친 꽃 형태(로제트)를 그려보면 얼마나 정확하게 작도했는지가 한눈에 드러난다. 아래에 소개한 그림과 작도 방법을 따라가다 보면 쉽게 완성할 수 있다.

직선 위에 일정한 간격으로 점을 찍고 싶다면 연필심 대신 철심만 두 개 있는 컴퍼스를 이용하는 것이 좋다. 한 점을 찍은 후 그 자리를 중심으로 컴퍼스를 돌리는 방식으로 다음 점을 계속 찍을 수 있기 때문이다. 눈금자를 사용하는 것이 더 나은 경우도 있지만 보통은 결과가 부정확하다.

컴퍼스와 자를 이용한 작도의 예

(원한다면 그림에 색을 입혀도 된다)

1. 원(그림 65)
2. 동일한 간격으로 커지는 동심원. 이 그림을 그릴 때는 제일 먼저 직선 위에 동일한 간격으로 점을 찍어둔다.(그림 66)
3. 여러 개의 원을 겹쳐 만든 꽃모양.(로제트)(그림 67) 정확하게 작도하면 꽃잎이 저절로 나온다. 이 형태에 대한 증명은 6학년에 할 것이다. 이 형태를 계속 확장시켜 꽃밭을 만들 수도 있다. 뿐만 아니라 꽃잎 형태 내부에서 다양한 사각형과 삼각형 같은 수많은 직선 형태를 찾을 수도 있다. 특히 정육각형을 원 안에 작도할 수 있다.
4. 수직선 위에 동일한 간격으로 점을 찍는다. 적당한 점을 선택한 다음 그 점을 지나면서 수직선 위 다른 점을 지나는 원을 차례로 그린다.(그림 68)
5. 로제트 형태에서 꽃잎을 하나 걸러 하나씩만 그린다. 모든 점을 연결하고 처음 원의 중심과도 연결한다.(그림 69)
6. 한 점을 중심으로 원을 그린 다음 로제트 형태 중 4개의 원을 맨 처음 원과 겹치게 그린다. 이렇게 하면 원들이 겹치는 부분에서 직각이 나온다.(그림 70)

   방법 원을 그린 다음 그 원의 중심을 지나는 수평선을 그린다. 이 수평선에 대해 직각인 수직선을 작도하는 것이 목적이다. 먼저 수평선과 원이 만나는 점을 중심으로 반지름이 동일한 두 개의 원을 작도한다. 나머지 두 원도 그림처럼 작도한다.

7. 꼭짓점부터 시작해서 각의 양 날개 위에 동일한 간격으로 점을 찍는다. 그림에 보이는 것처럼 양쪽 선을 연결한다.(그림 71)
8. 5번 형태를 이용해서 직각을 작도한다. 거기서 출발해서 사각형을 작도한다. 한 변의 길이가 3인치인 정사각형을 그린 다음 네 변에 0.5인치 간격으로 점을 찍는다. 각 점을 중심으로 반지름이 동일한 원을 계속 그린다. 아이들마다 반지름이 다르기 때문에 그림을 다 모아보면 아주 아름다운 변형을 볼 수 있다. 물론 반지름만이 아니라 사각형의 크기와 점의 간격도 선택하게 할 수 있다. 보통은 직각을 먼저 그린 다음 꼭짓점부터 시작해서 양쪽 변 위에 원하는 만큼 간격을 표시해서 고르게 작도해야 정사각형을 완성할 수 있다.(그림 72)
9. 8번 형태처럼 사각형을 작도한 다음 네 변을 동일한 간격으로 나눈다. 그런 다음 점 네 개를 그림과 같이 연결한다.(그림 73)

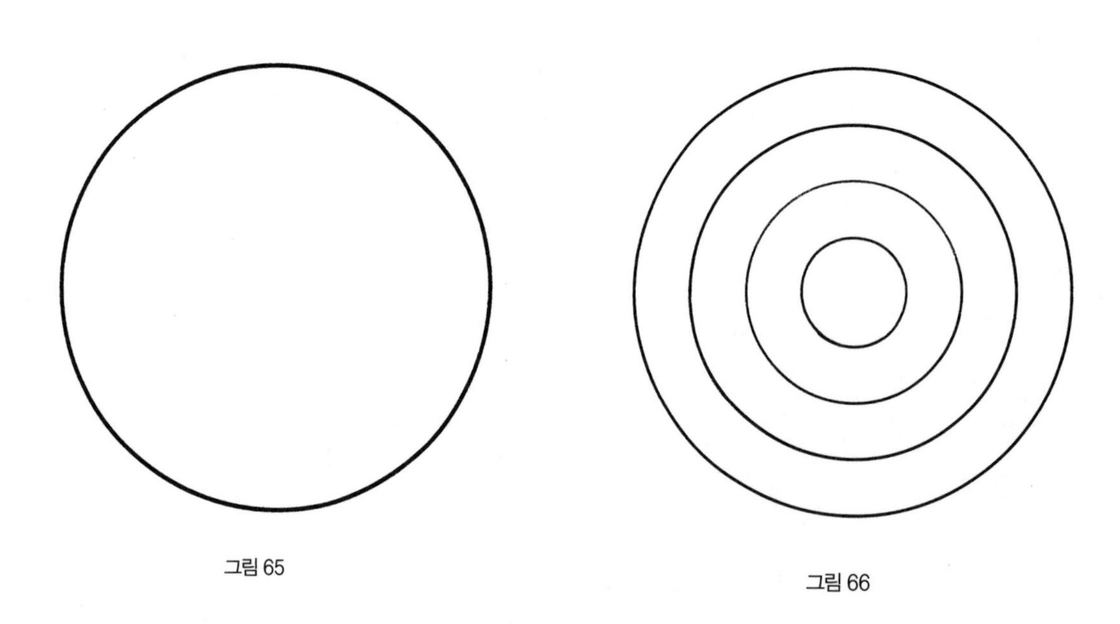

그림 65

그림 66

직선과 원 연습

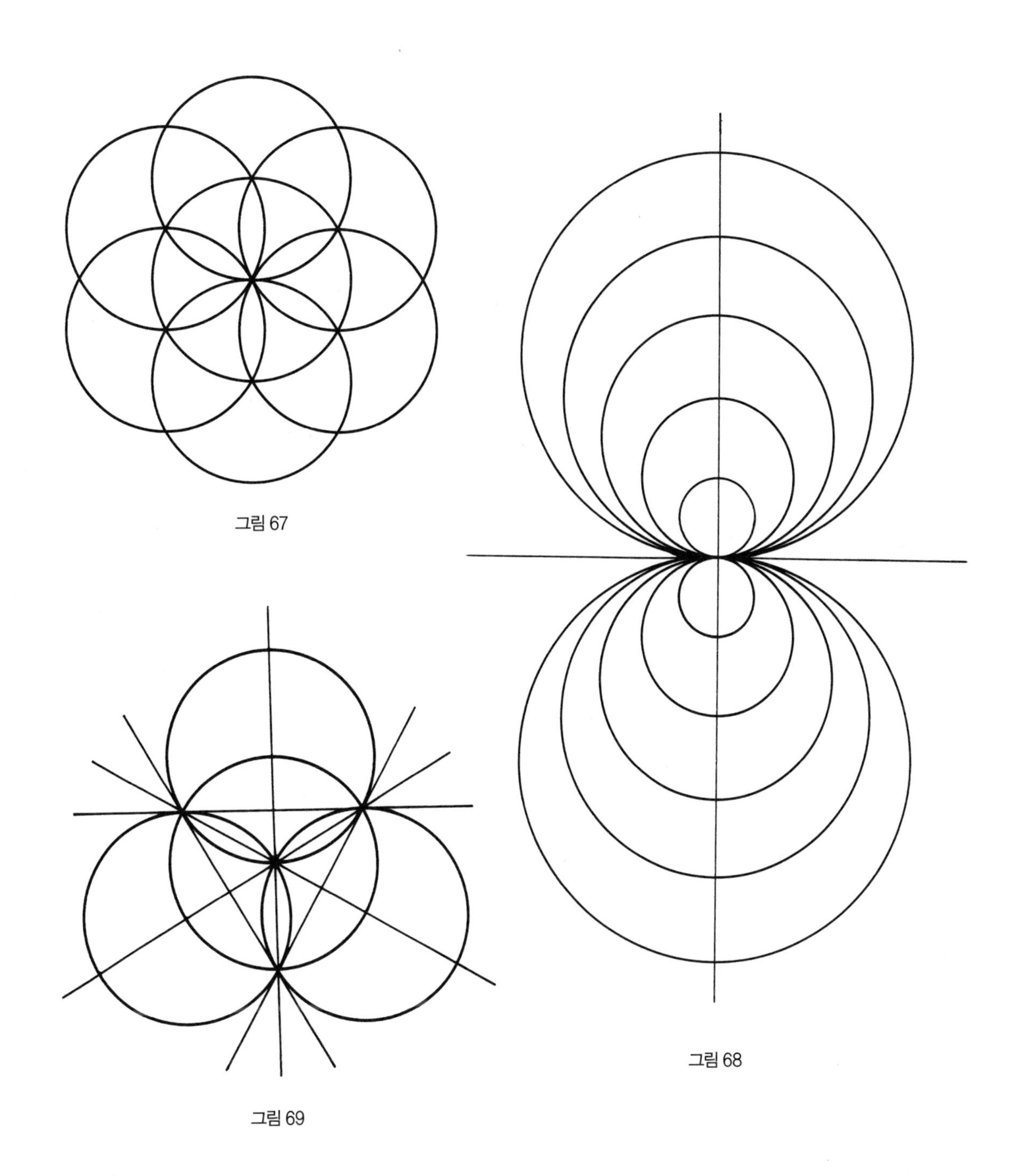

그림 67

그림 68

그림 69

원과 직선 연습

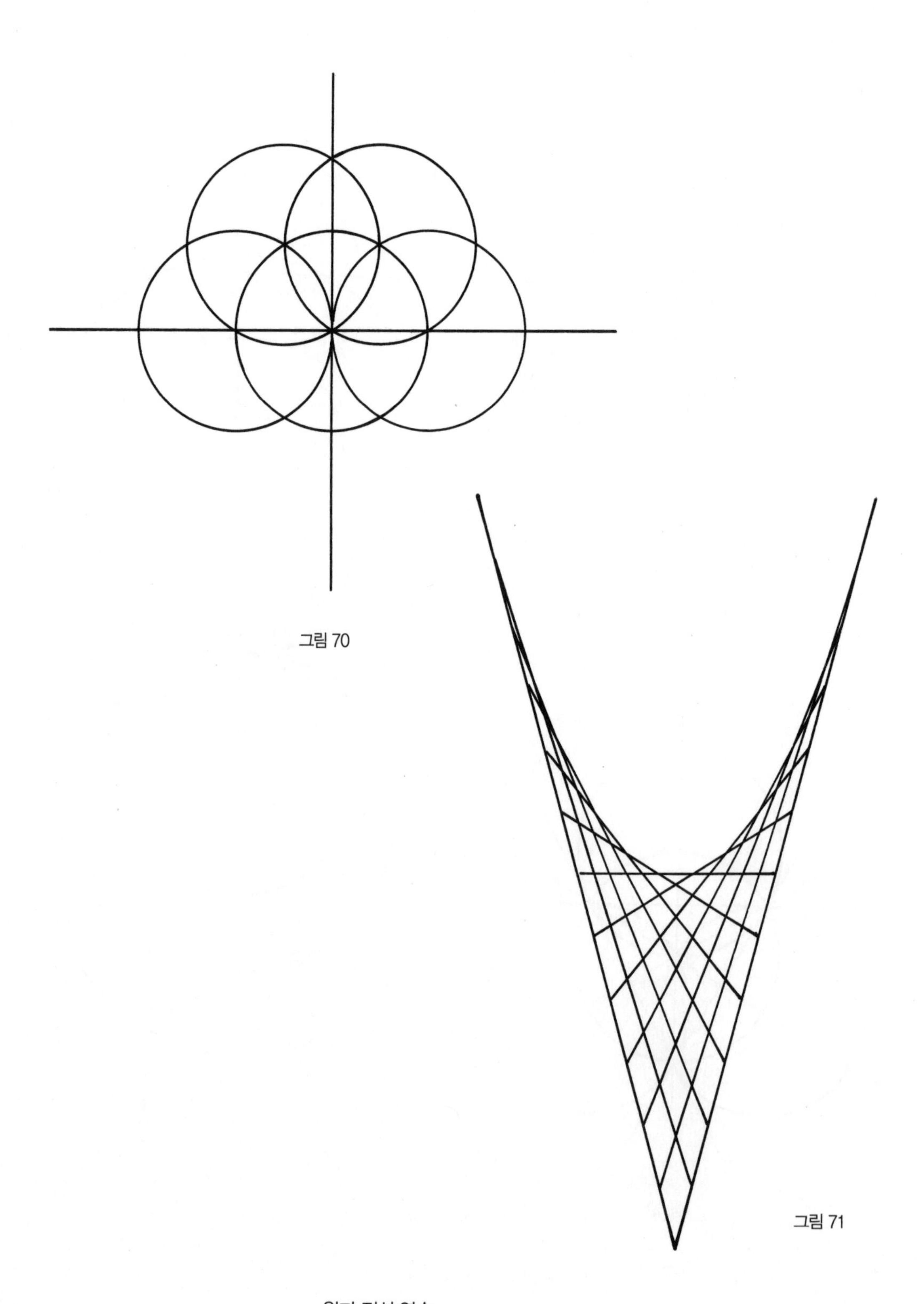

그림 70

그림 71

원과 직선 연습

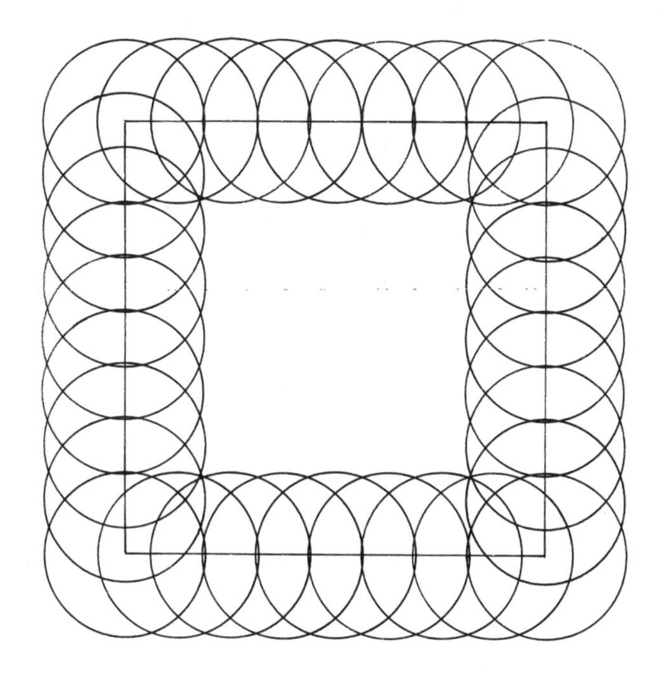

그림 72

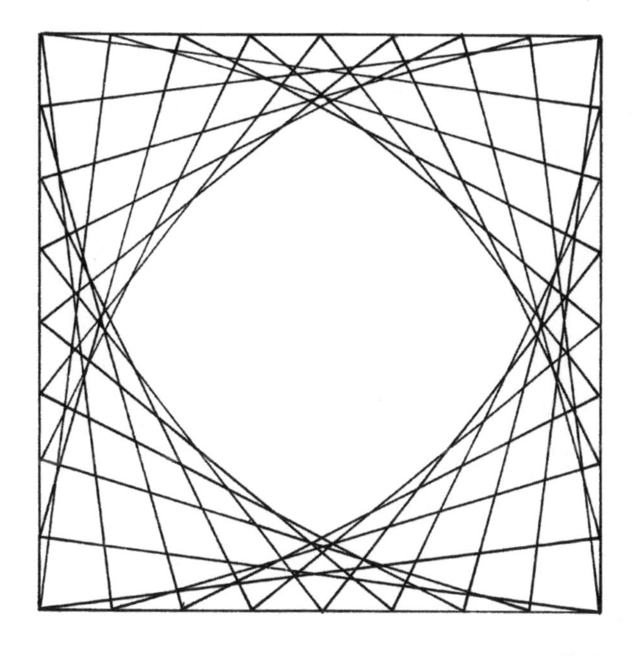

그림 73

원과 직선 연습

기본 기하 작도

방법

도구 사용법을 충분히 익혔다 싶으면 본격적인 작도 연습을 시작한다. 기하 원칙에 따라 제대로 작도하기 위해서는 여러 가지 단계를 거쳐야 한다. 각 단계는 아주 짧거나 다른 단계와 혼합될 수도, 때에 따라서는 건너 뛸 수도 있지만, 이 모든 단계가 모여야 온전한 답이 된다.

루이스 로셔-에른스트Louis Locher-Ernst는 기하 작도의 단계를 다음과 같이 설명했다.

> 수학 학습에는 엄청난 양의 문제 풀이가 뒤따른다. 안타깝게도 그 중 몇 문제라도 온전하게 풀어야 한다는 점을 의식하거나 강조하는 경우는 극히 드물다. 문제를 제대로 풀기 위해서는 정말 많은 시간이 필요하다.
>
> 문제 풀이의 전 과정을 온전하게 경험한 아이들은 그것을 쉽게 잊지 않는다. 이런 식의 풀이 과정이 어떤 것인지 짧게 살펴보자. 어떤 '기하 문제'가 있다.(예를 들어 주어진 몇 가지 조건을 토대로 사각형을 작도한다고 하자) 문제 속에는 아주 '구체적인 조건'들이 이미 명시되어 있다.(예를 들어 '대각선 사이 각'과 필요한 크기 등) 이를 그리스 사람들은 프로타시스protasis(일반적인 문제)와 엑테시스ekthesis(구체적인 문제)로 구분했다. 다음 단계인 '풀이analysis'는 주어진 조건과 찾으려는 답 사이에 다리를 놓는 과정이다. 이 단계에는 어느 정도의 수학적 상상력이 필요하다. 또한 관련된 수학적 사실을 의식 속에 더 많이 끌어올릴수록 다리를 놓는 작업이 훨씬 용

이해진다.

일단 다리의 기본 골격이 놓이고 나면 4번째 단계, '간접환원법apagogä'이 온다. 이는 앞에서 얻은 결과에 따라 제시된 문제를 이미 알고 있는 단순하고 기본적인 요소로 환원시키는 단계다. 일반적인 문제에서 출발해서 간접환원법까지 가는 과정은 분석적인 진행이다. 다시 말해 일반 명제에서 실재 세계의 맥락을 벗겨내고 원초적인 차원으로 분해한다. 이 과정이 끝나면 자연스러운 휴지기가 찾아온다. 이를 전환점으로 방향을 바꿔 다음 단계로 넘어간다. 다섯 번째 단계는 '작도kataskeuä'다. 여기서는 환원한 내용에 따라 각각의 단계를 실제로 작도한다. 다음 단계인 '증명apodeixis'에서는 완성된 작도가 문제의 모든 단계에서 제기된 모든 조건을 충분히 만족시키는지 입증해야 한다. 이 단계에서는 본질적으로 분석할 때 역순으로 일을 진행한다. 마지막 단계인 '결과diorismos'에서는 되돌아보기와 미리 보기를 진행한다. 엑테시스를 통해 부분적으로 배제했던 프로타시스의 다른 가능성을 가능한 범위에서 다시 살펴보고, 그 가능성에서 생길 수 있는 다양한 결과를 검토한다. 대부분의 경우 그 결과로 새로운 문제들이 등장한다. 이로써 순환은 마무리된다. 전체를 놓고 볼 때 위에서 언급한 휴지기부터의 과정은 통합적으로 진행된다. 분석 과정을 통해 작게 분해한 문제를 사고 세계 속에서 관계성으로 통합시키면서 마무리된다.[16]

교육 현장에서 이 일련의 단계들은 과목의 내용이 아이들의 영혼 속에 올바르게 자리 잡았는지에 대한 관심 여부에 따라 보완된다. 순서대로 나열하면 다음과 같다.

1. 해결할 과제를 제시하는 문제에 다가가는 과정
   _보통 아이가 관심을 가질 만한 실생활의 짧은 이야기로 문제를 도입한다.
2. 이야기를 수학 문제로 전환
3. 구체적인 과제 찾기
4. 문제 풀이

5. 풀이 과정 설명
6. 작도의 타당성
7. 일상에서 실용적으로 사용하기 위해 작도 과정 단순화시키기
8. 아름다운 그림에 담긴 형태 간 연결성과 전체성 보기
9. 다른 여러 문제에 작도 응용
10. 문제의 확장
11. 새로운 질문 제기하기

주어진 선분의 수직이등분선을 작도하라는 과제를 가지고 이 단계들을 어떻게 진행하는지 살펴보자. 아이들과 함께 이 단계를 밟아 나가다보면 무엇보다도 아이들이 세상의 특정한 측면과 어떻게 관계를 맺는지를 알 수 있다. 먼저 관계를 형성한 다음 아이는 기하 시간에 배워서 이미 알고 있는 사실을 자기 안에서 이끌어낸다. 풀이 과정은 아이의 개별적인 힘 전체를 요구한다. 아이는 작도 묘사와 설명 단계에서 지금까지 밟아온 모든 단계를 의식 속에 떠올린다. 분석 단계를 거치면서 좁아졌던 시야가 다시 점차 확장되면서 아이의 영혼은 더 넓은 연관성과 새로운 질문을 향해 시선을 돌린다.

수직이등분선

이야기를 이용한 도입

아주 무서운 개 두 마리가 칠판에 A, B로 표시한 자리에 쇠사슬로 묶여있다고 하자. 조금 겁먹은 아이 하나가 그 사이를 지나가려한다. 어떻게 가야할까? 대부분의 경우 아이들은 선분 AB의 수직이등분선에 해당하는 길로 가야한다고 대답할 것이다.[17] 양쪽에서 똑같은 거리만큼 떨어진 길을 따라 걸어야 양쪽 개에게서 최대한 멀리 떨어질 수 있다. 이 수직이등분선은 두 점 사이의 대칭축이다.

수학 문제로 전환

특정한 두 점에서 항상 동일한 거리만큼 떨어진 점들로 이루어진 직선은 기하학이나 실생활에서 특별한 의미를 지니는 경우가 많다. 직선과 수직이등분선이라는 표현을 사용할 것이다. 컴퍼스와 자를 사용해서 어떻게 주어진 선분의 수직이등분선을 작도할까?

풀이

보통 이 단계에서는 아이들이 개별적으로 고민하고 답을 찾는다. 아이들마다 각자의 풀이 방법을 발표하면 함께 듣고 토론한다. 반 전체가 이해하고 함께 결론에 도달할 때까지 토론을 진행한다.

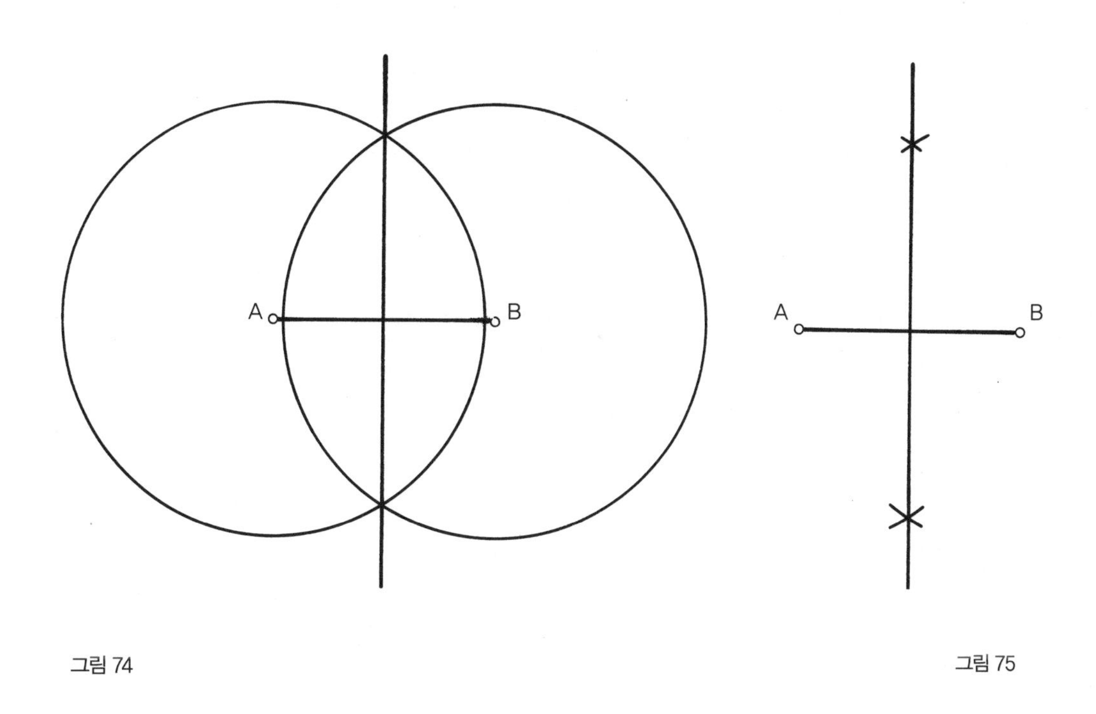

그림 74

그림 75

수직이등분선 작도

풀이 과정 설명

이 단계에서는 아이들에게 충분한 시간을 주고 선분의 수직이등분선을 작도하기 위해서 무엇을 했는지를 순서대로 설명하게 한다. 아직은 간결한 기호 형태로 설명하는 것에 대해서는 신경 쓰지 않는다. 아이들 대부분이 손으로 직접 해본 작업을 제일 먼저 떠올릴 것이다. 아이가 설명하는 방식을 자세히 살피면 그 아이의 개별성에 대해 많은 것을 알게 된다. 예를 들어 한 아이가 이렇게 썼다고 하자.

"선분의 절반을 넘도록 컴퍼스를 벌린다. 그런 다음 컴퍼스의 바늘을 선분의 한쪽 끝인 점A에 꽂고 점A를 중심으로 원을 그린다. 같은 방법으로 선분의 반대쪽 끝인 점B를 중심으로 원을 그린다. 두 원은 두 점에서 겹친다. 자를 대고 그 두 점을 이으면 찾고자 하는 선분 AB의 수직이등분선을 얻는다."

이렇게 포괄적인 설명을 다음과 같은 간결한 설명과 비교해 보자.

"$\overline{AB}$에서 점A와 점B를 중심으로 동일한 반지름을 갖는 두 개의 원은 반지름 $r > \overline{AB}/2$일 때 두 점에서 교차한다. 이 두 점을 연결한 선이 찾고자 하는 $\overline{AB}$의 수직이등분선이다."

분명히 두 번째 설명도 정확하지만 여기에선 실제 어떤 과정을 거쳤는지를 거의 찾아볼 수 없다. 아직 손으로 하는 작업을 중심으로 사고하는 아이들에게 이렇게 설명하면 기하학은 추상적이고 이해할 수 없는 것이 되고 만다.

작도의 타당성

원 위의 모든 점은 원의 중심에서 같은 거리에 있다. 점A와 점B를 중심으로 하는 두 원이 같은 반지름을 가질 때 두 원의 교점을 통과하는 대칭축은 선분 AB의 중점을 지난다.[18] (그림 74)

작도 과정 단순화

다른 작도에서 수직이등분선 작도를 쉽고 효율적으로 응용하기 위해서는 원을 전부 그리기보다 눈짐작으로 원이 교차할 지점을 찾아 짧은 원호만 그리는 것으로 충분하다.(그림 75) 특히 수직이등분선의 작도 자체보다 수직이등분선을 얻는 것이 주목적일 경우에는 더욱 그렇다.

원호를 가장 작게 그리면서 수직이등분선을 작도할 수 있는지 아이들끼리 겨뤄보게 할 수도 있다. 물론 지우개는 쓰지 않아야 한다.

전체성 관찰과 차원의 확장

전체의 관계성을 보여주는 아름다운 그림을 얻기 위해, 수직이등분선 작도 원리를 바탕으로 양쪽에 일정한 간격으로 커지는 동심원을 작도한다. 선분의 양쪽 끝점을 중심으로 원이 계속 커지게 하면 양쪽의 원들이 계속 교차하면서 전혀 새로운 차원이 펼쳐진다.

이 그림을 쉽고 정확하게 완성하려면 먼저 수평선을 그린 다음 1/2인치와 같은 일정한 간격으로 선분 위에 점을 찍어두는 것이 좋다. 선분의 양쪽 끝에서 1/4인치가 되는 곳에 표시를 하고, 그 두 점을 중심으로 왼쪽과 오른쪽에 동일한 비율로 커지는 원을 그린다. 원이 겹치면서 생긴 공간에 체스보드처럼 두 색을 교대로 칠하면, 수직이등분선이 그림 전체에 존재하는 여러 모양의 곡선 중에서 아주 특별한 경우에 해당한다는 것이 분명하게 드러난다.(그림 76) 8학년이 되면 그림 속 다른 곡선인 타원과 쌍곡선에 대해 자세히 배우게 될 것이다.

수직이등분선 작도에서 선분을 여러 위치에 놓고 그것을 수직이등분하는 연습을 꼭 해보아야 한다. '수직'이라는 단어를 들으면 당연히 처음에는 수평선 위에 수직방향으로 선을 긋는 것을 떠올리게 된다. 하지만 '선분 또는 직선에 대해 수직인 선'은 주어진 선분과 작도한 수직이등분선이 언제나 직각을 이룬다는 것을 의미하며, 수직수평이 아닌 다른 위치에 놓인 두 직선 사이에서도 수직이등분선은 얼마든지 만들 수 있다. 이 나이의 아이들이 꼭 배워야 하는 중요한 지점이 바로 이것이다. 이 점을 깨달으면서, 위치와 상관없이 질적으로 수직으로 서있는 상태가 가능하다는, 공간 형태를 공간 위치와 구분해서 생각할 수 있는 가능성이 열린다.

그림 76 동일한 수직이등분선을 만드는 다수의 원

수직이등분선 작도를 이용한 연습

1. 원 안에 지름을 그리고 그 지름에 수직하는 또 다른 지름을 작도하고, 작도 과정을 설명하라.
2. 1번 연습을 이용해서 원에 내접하는 정사각형을 작도하고, 작도 과정을 설명하라

3. 2번 연습을 이용해서 원에 내접하는 팔각형을 작도하라.
4. 원에 내접하는 정육각형을 작도하고 육각형의 각 변에 수직이등분선을 세운다. 이 그림에서 찾을 수 있거나 이 도형을 기반으로 쉽게 그릴 수 있는 흥미로운 기하 도형(정십이각형, 12개의 꼭짓점을 가진 별, 6개의 꼭짓점을 가진 별, 사각형, 삼각형 등)을 최대한 많이 찾아보라.
5. 한 변의 길이가 2.5인치인 정삼각형을 작도하라.

선분의 이등분

위에서 연습한 수직이등분선 작도를 통해 또 다른 문제를 해결할 수 있다. 바로 선분을 이등분하는 것이다. 사실 선분을 이등분하기 위해서는 주어진 선분과 그 수직이등분선의 교점을 찾으면 된다.

실제로 작도할 때는 원의 반지름을 너무 작지 않게 잡아야 한다. 그래야 두 교점 사이에 그을 수직이등분선을 제대로 구분할 수 있는 거리를 확보할 수 있다. 하지만 선분의 중점을 작도할 때는 대개 두 원 사이의 거리가 크지 않아도 된다. 그래도 충분히 정확한 지점을 찾을 수 있기 때문이다.

요령 칠판에 작도할 때 교사는 컴퍼스의 다리를 가능한 한 정확하게 절반을 가늠해서 벌린다. 그런 다음 선분의 양 끝점에 각각 컴퍼스의 바늘을 대고 선분 위에 점을 찍는다.

대부분의 경우 약간의 오차가 생길 것이다. 눈대중으로 두 점 사이 중심을 찾아 점을 찍는다. 이렇게 하면 굳이 자를 다시 꺼내지 않아도 되기 때문에 중점을 더 빨리 찾을 수 있다. 적어도 작도의 정확성 측면에서는 길고 복잡한 정식 작도와 별 차이가 없다.

선분의 이등분 작도를 이용한 연습(중점 구하기)

1. 원에 내접하는 정사각형 작도. 정사각형의 네 변을 각각 이등분하고 그 점 네 개를 이어서 새로운 정사각형을 만든다. 이 정사각형 안에 대각선을 긋고 또 다른 사각형을 만든다. 새로 생기는 정사각형의 꼭짓점이 언제나 이전 정사각형의 중점이 되게 한다. 적당한 부분에 색을 칠해 흥미로운 문양을 만들어본다. 다음은 그렇게 만든 그림 중 하나다.(그림 77)

그림 77 나선 형태(로그 나선)

2. 원에 내접하는 정육각형을 작도하고 1번 연습처럼 내부에 계속 연속해서 작도하라.[19]
   (그림 77과 별도 제작한 웹 사이트 참고)
3. 지금까지 배운 내용을 가지고 원에 내접하는 정오각형을 작도할 수 있다.(그림 78)
   이를 위해서는 다음의 작도 과정을 거쳐야 한다.

- 오각형이 내접할 원 그리기
- 지름 그리기
- 이 지름에 수직하는 또 다른 지름 작도하기
- 네 개의 반지름 중 하나를 이등분하기
- 그 이등분점을 중심으로 또 다른 지름의 끝점을 통과하는 원호를 그린다.
- 이 원호가 조금 전 이등분 했던 지름과 다시 만난다. 그 교점에 컴퍼스의 바늘을 대고 다른 쪽 지름의 끝점만큼 컴퍼스를 벌린다. 이 간격이 정오각형의 한 변의 길이가 된다.
- 모든 과정이 정확하게 이루어졌다면 컴퍼스 다리의 간격으로 원 둘레를 따라 다섯 개의 점을 찍을 수 있다. 이 점을 연결하면 원에 내접하는 정오각형이 나온다. 같은 방법으로 정십각형도 그릴 수 있다.[20]

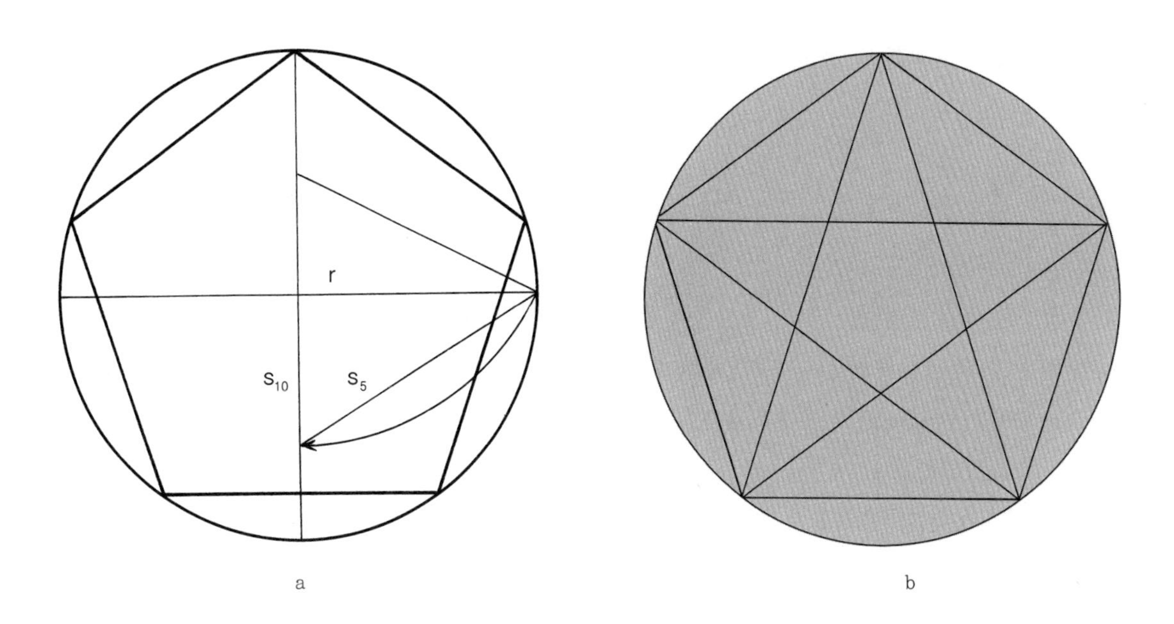

그림 78 정오각형 작도

직선 위의 한 점에서 수선 올리기

직선 위의 한 점에서 수선$_{01}$을 작도할 때도 수직이등분선 작도를 참고한다. 컴퍼스를 적당한 넓이로 벌린 다음, 수선을 세우려는 점에서 주어진 선의 왼쪽 오른쪽으로 동일한 거리에 점을 찍는다. 이 두 점이 만드는 선분에 대해 수직이등분선을 작도하면 문제에서 요구하는 조건을 만족시킬 수 있다.

주어진 선분이나 반직선의 끝점에서 수선을 올리는 경우는 조금 다르다. 종이에 여백이 충분할 때는 끝점에서 선분을 더 연장하여 위에 설명한 방법으로 작도하면 된다. 그럴 수 없는 경우에는 여러 작도 방법을 활용하여 수선을 작도한다.[21]

수선 작도를 이용한 연습

1. 수선 작도를 활용하여 한 변이 2.5인치인 정사각형을 작도하라.
2. 긴 변의 길이가 3인치, 짧은 변의 길이가 1.5인치인 직사각형을 작도하라.
3. 수선 작도를 활용하여 정오각형을 작도할 수 있다. 이번에는 외접원에서 시작하는 방법 대신 오각형 내부에 그은 대각선 즉, 오각별의 한 변부터 그릴 것이다. 이것은 오각형과 오각별의 한 변이 황금분할의 비율 관계라는 사실을 이용한 방법이다. 다음의 단계를 따라 작도하면 선분을 황금비로 분할할 수 있다.(그림 79)
   - 황금 비율로 분할 할 $\overline{AB}$를 그린다. 선분의 끝점 A에서 적어도 주어진 $\overline{AB}$의 절반 이상의 길이로 수선을 올린다.
   - $\overline{AB}$를 이등분 한다.
   - $\overline{AB}$를 이등분하여 얻은 길이를 새로 세운 수선 위에 옮겨 점 C를 표시한다.
   - 점 C와 선분의 다른 끝점 B를 연결하여 직각삼각형 ABC를 그린다.

01 일정한 직선이나 평면과 직각을 이루는 직선

- 점 C를 중심으로 직각 A까지의 거리를 반지름으로 하는 원호를 그어 가장 긴 변(빗변)과 만나는 교점 D를 구한다. 이제 점 B를 중심으로 점 D를 지나는 원호를 그려 $\overline{AB}$와의 교점을 찾는다. 이렇게 구한 교점 E는 $\overline{AB}$를 황금비로 분할한다.
- $\overline{AB}$와 작도로 찾은 $\overline{BE}$를 이용해서 정오각형을 작도할 수 있다.[22] $\overline{AB}$를 원하는 위치에 놓고 오각별의 한 변으로 삼는다. 점 A와 점 B를 중심으로 $\overline{BE}$를 반지름으로 하는 원호를 그리면 별을 이루는 교점들이 생긴다. 이 점들을 연결해 오각형을 완성한다.(그림 80)

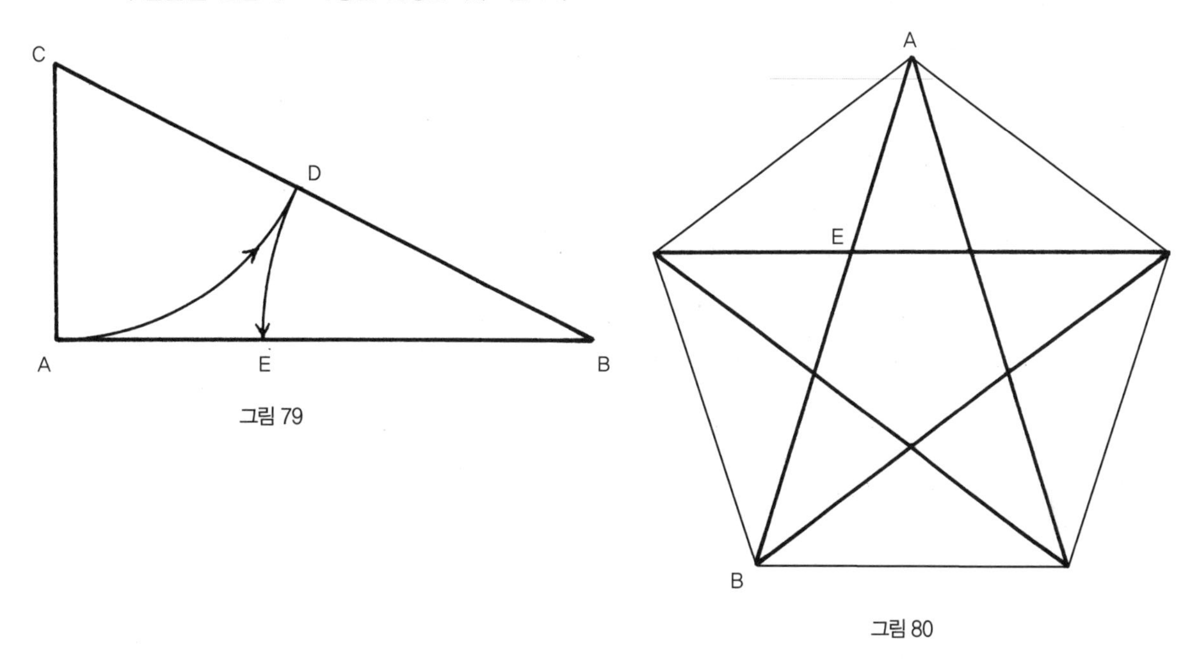

그림 79

그림 80

황금분할과 정오각형 작도

삼각자 사용법

요즘 흔히 사용하는 삼각자에는 몇 가지 추가 기능이 있다. 자 역할은 물론 직각이등변삼각형을 그릴 수도 있고, 각도기로도 사용할 수 있다. 삼각자를 언제 수업에 도입할지는 교사의 판단에 맡길 문제지만, 소개하는 방식은 적절해야 한다.

삼각자를 이용해서 각 30°를 작도해 보자. 먼저 각을 이룰 꼭짓점과 그 점에서 시작하는 한 변을 그린다. 삼각자 밑변의 중심을 각의 꼭짓점에 대고 주어진 변을 각도기의 30° 눈금 밑에 놓는다. 삼각자의 밑변을 따라 줄을 긋기만 하면 각이 완성된다.

또 삼각자를 이용하면 선분의 한 점 위에 수선도 쉽게 그릴 수 있다. 삼각자의 세로 변을 주어진 선분 위에 놓고 삼각자 밑변은 주어진 점을 통과하는 위치에 놓는다. 선을 그을 때는 언제나 사용하는 연필심(또는 다른 필기구)의 굵기를 염두에 두고 조절해야 한다. 이제 자를 따라 내려 긋기만 하면 원하는 수선이 나온다.

모든 단계를 정식으로 거치지 않는 이런 약식 작도는 과정을 하나씩 밟아가는 것이 더 이상 작도의 주목적이 아닌 때가 되었을 때 소개해야 한다. 특히 동일한 문양이 계속 중첩되면서 전체성과 조화로움을 보여주는 형태를 작도할 때 유용한 방법이다. 이런 식의 작도 요령은 공학 설계도에서 직각을 그릴 때처럼 실용적인 상황에도 사용할 수 있다. 하지만 작도 문제의 풀이가 요구되고, 그 해가 본질적으로 작도 단계 속에 들어있는 경우에는 하나도 건너뛰지 말고 모든 과정을 다 밟아야 한다. 각각의 단계가 개념 간의 관계를 반영하기 때문이다.

연직선 그리기(수선 내리기)

이번에는 직선상에 있지 않은 임의의 한 점에서 직선을 통과하는 수선(연직선[01])을 그려보자. 아이들은 3학년 집짓기 수업에서 연직선을 만난다. 벽돌을 쌓을 때 이 방법을 이용해서 중력(수직)의 방향을 찾기 때문이다. 처음에는 수평 상태의 직선을 수직으로 통과하는 연직선 작도부터 연습한다.(그림 81a)

01 납으로 된 추를 실에 매달아 늘어뜨렸을 때 실이 이루는 직선. 기하학에서는 임의의 점에서 한 직선에 대하여 수직 방향으로 내려 그은 선을 말한다.

앞서 언급했던 것처럼 이제 아이들은 공간 속의 구체적인 위치와 수직 같은 추상적, 기하학적 관계를 따로 떼어 생각할 수 있는 나이가 되었다. 따라서 주어진 선이 수평이 아닐 때 연직선(수선 내리기)을 작도할 수 있는지에 대해서도 아이들과 충분히 토론하고 작도해보아야 한다. 이 경우에는 주어진 선분의 위치에 따라 주어진 점을 통과하는 수선의 위치가 정해진다.(그림 81b)

수선 내리기는 다음과 같은 단계를 거쳐 작도한다.

– 주어진 점을 중심으로 주어진 선분과 두 점에서 만나는 원호를 그린다.

– 두 교점 사이의 선분 위에 수직이등분선을 세운다.

이 작도의 근거는 원의 대칭성, 즉 원호에 대한 수직이등분선은 원의 중심을 지난다는 원리에서 기인한다.

주어진 직선에 수선을 내린 점을 수선의 발이라고 부른다. 연직선의 길이는 주어진 점에서 수선의 발까지의 거리를 말한다.

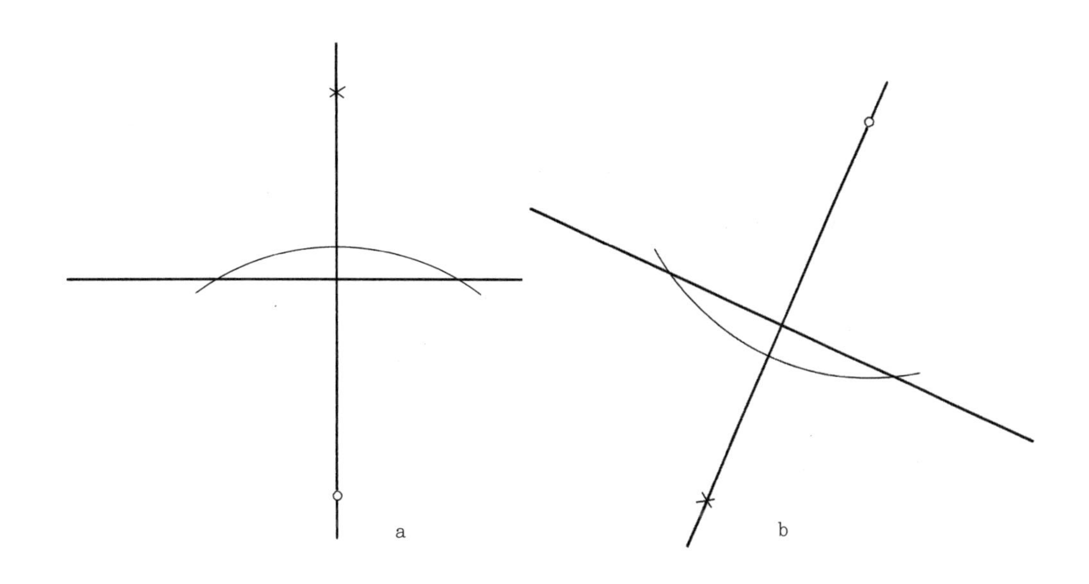

그림 81 수선 내리기 작도

수선 작도를 이용한 연습

1. 원에 내접하는 정사각형을 작도하고, 네 변의 중점에서 수선을 올린다. 이런 방법으로 정팔각형을 작도한다.
2. 원에 내접하는 정육각형을 작도하고, 각 변의 중점에서 수선을 올린다. 같은 방식으로 정십이각형을 작도한다.
3. 원에 내접하는 정육각형을 작도한 뒤, 마주보는 두 점을 연결하여 3개의 지름을 그린다. 한 지름의 끝점에서 다음 지름 위로 수선을 내린다. 이 수선의 발에서 다음 지름에 다시 수선을 내린다. 한 방향으로 회전하면서 모든 지름에 대하여 수선을 내린다. 그런 다음 또 다른 지름의 끝점에서 다시 수선을 내리기 시작해서 모든 지름의 끝점에 대해 같은 방식으로 작도한다.(연습 단계에서는 하나하나 작도해서 수선을 긋지만 나중에 실용 디자인에 기하 형태를 넣는 등의 상황에서는 위에 설명했던 대로 삼각자를 이용하는 편이 훨씬 편리하다)
4. 원에 내접하는 정팔각형을 작도하고 지름 4개를 그린 다음 3번과 동일한 방식으로 작도한다.

각의 이등분

각의 이등분은 수직이등분선 작도 연습의 마지막 단계다. 먼저 원의 대칭성과 기본적인 원 형태에 대해 다시 한 번 생각해본다. 알다시피 원의 모든 중심선은 원의 대칭축이다. 두 개의 중심선이 만드는 네 각이 모두 같을 때 그 형태는 서로 직각을 이루는 두 개의 대칭축을 갖는다. 이 대칭축은 두 중심선이 만드는 호를 서로 수직이등분하는 선이기도 하다. 아이들은 이런 대칭 관계를 아주 기본적인 수준에서 경험했다.

이 형태를 다시 한 번 꼼꼼히 관찰하면서 각의 이등분선 작도 방법을 찾아낸다. 먼저 크기가 같은 두 쌍의 각을 갖는 두 개의 직선을 그린다. 이제부터 이 각을 이등분해보자. 과정은 다음과 같다. 두 직선의 교점을 중심으로 임의의 반지름을 가진 원을 그린다. 이 교점은 네 각의 공통 꼭짓점이다. 원과 두 직선이 만나는 곳에 또 다른 네 개의 교점이 생긴다. 이를 연결하면 직사각형이 나온다. 대각선이 길이가 같으며 서로를 이등분하기 때문이다.[23] 직사각형의 길이가 다른 두 변에서 그은 수직이등분선이 두 각을 이등분한다. 두 선은 서로 수직을 이룬다. 맨 처음 그린 두 직선의 이웃각을 합치면 180°가 된다. 그 절반은 90°이기 때문이다.(그림 82a)

두 개의 반직선으로 이루어진 하나의 각으로도 동일한 작도를 할 수 있다. 이를 전체 형태의 일부라고 여기면 된다.(그림 82b)

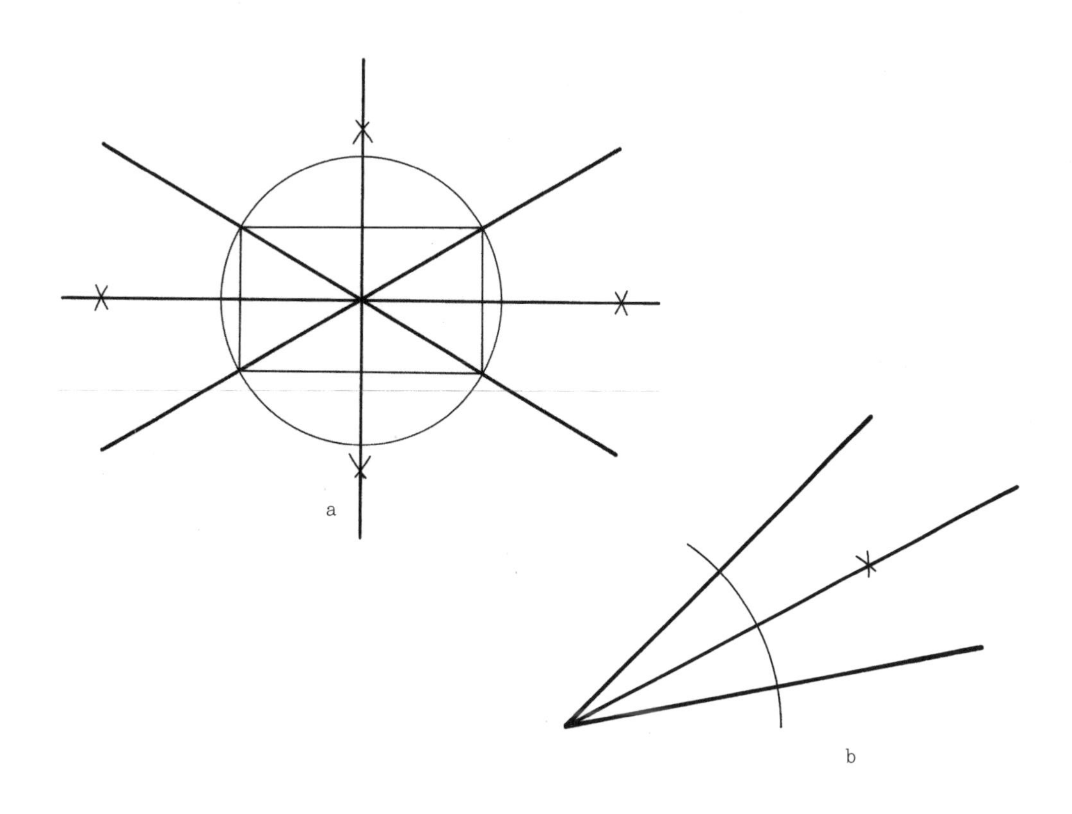

그림 82 각의 이등분선 작도

다음은 모두 각의 이등분선을 공유하는 직선들이다.

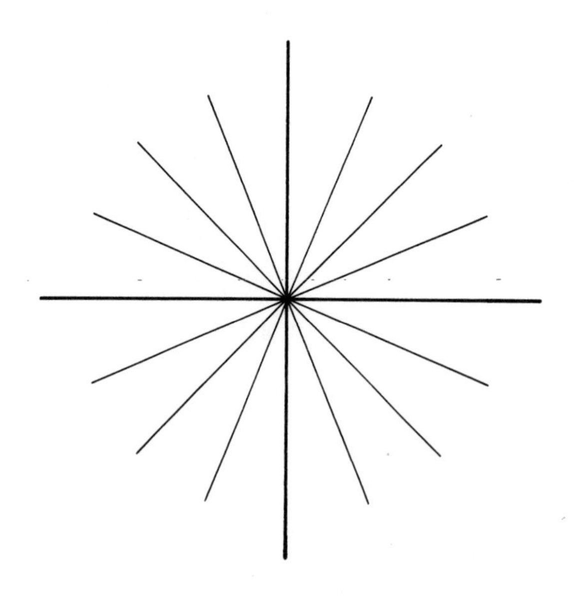

그림 83 동일한 각의 이등분선을 가진 직선들의 쌍

각의 이등분선과 수직이등분선의 상관관계는 원을 이용하여 증명할 수 있다. 원의 두 접선이 만드는 각의 이등분선(원의 중심을 지나는)은 두 접점을 잇는 할선으로 생기는 호를 수직 이등분한다.(그림 84)

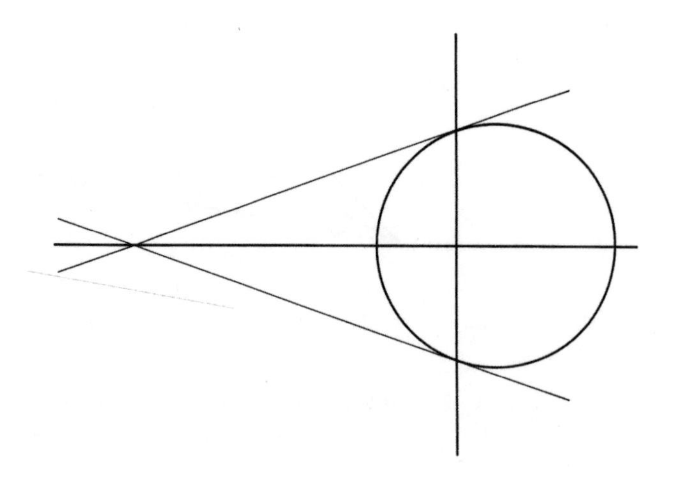

그림 84 각의 이등분선과 수직이등분선의 상관관계_ 원을 이용한 증명

각의 이등분선 작도를 이용한 연습

1. 원에 내접하는 정사각형을 작도하고 대각선을 그린다. 원의 중심에서 서로 수직하는 두 대각선이 만드는 각을 이등분하고, 정팔각형을 작도하라. 같은 방법으로 다른 다각형을 작도하라. 어떤 정다각형을 작도할 수 있는가?
2. 한 변의 길이가 4인치, 다른 한 변은 2.5인치인 직사각형을 작도하라. 4개의 내각에 대한 이등분선을 작도하라. 중앙에 어떤 도형이 나타나는가?
3. 수평선을 그은 다음 그 위에 6인치 간격의 두 점을 찍는다. 각각의 점 위에서 수선을 올린다. 모든 직각을 이등분하라. 모든 각의 크기를 동일하게 유지하면서 두세 차례 더 이등분한다. 양쪽의 선들이 서로 겹치면서 만드는 형태를 관찰한다. 중간에 생긴 사각형에 체스보드처럼 두 개의 색을 번갈아 칠한다. 아주 아름다운 형태가 나온다.

선분 옮겨 그리기

주어진 선분을 다른 곳으로 옮겨 그리려할 때는 시작점과 선의 방향을 미리 결정해놓아야 한다. 선분의 길이를 컴퍼스로 잰 다음 미리 결정해 놓은 방향에 맞춰 시작점에 컴퍼스를 대고 길이를 표시한 다음 새로운 선을 긋는다. 방향을 미리 결정해두지 않으면 그림은 두 개가 될 것이다.(그림 85)

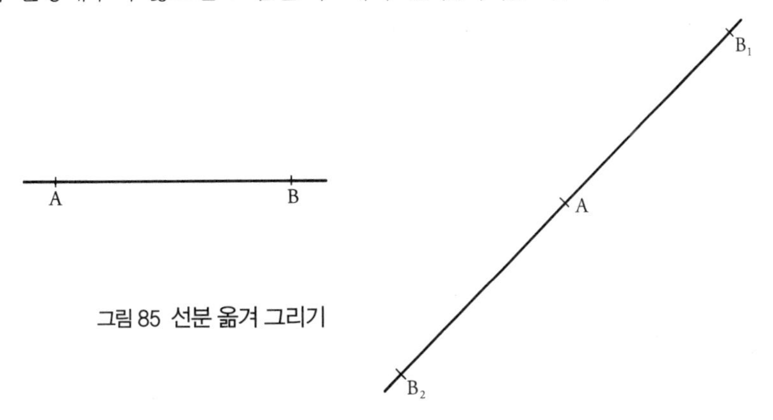

그림 85 선분 옮겨 그리기

각 옮겨 그리기

두 개의 변과 꼭짓점을 가진 각을 옮겨야 하는 경우도 있다. 꼭짓점과 한 쪽 변을 미리 정해둔 점과 직선 또는 반직선에 옮겨야 할 때는 컴퍼스를 이용해서 다음과 같이 작도 한다.

- 주어진 각의 꼭짓점을 중심으로 각의 두 변을 통과하는 원호를 그린다.
- 새로운 꼭짓점을 중심으로 동일한 반지름의 원호를 적당한 크기로 그린다.
- 두 교점 사이의 거리를 컴퍼스로 측정한다. 새로 그린 원호와 미리 정해둔 직선의 교점에 컴퍼스를 대고 측정한 거리를 옮겨 그린다. 방향이 미리 결정되었다면 하나의 그림이, 미리 결정해두지 않았다면 두 개의 그림이 나온다.(그림 86)

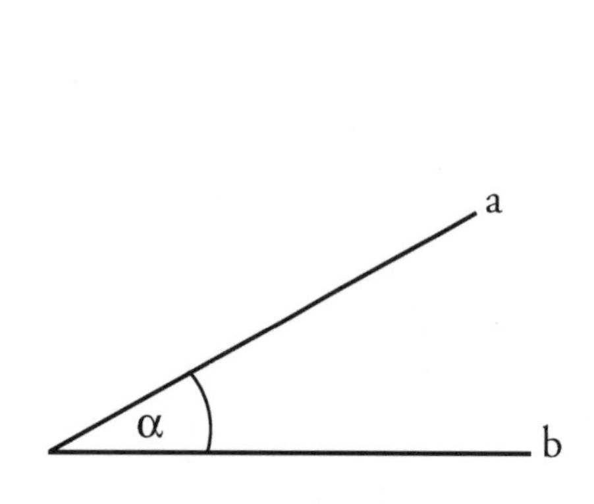

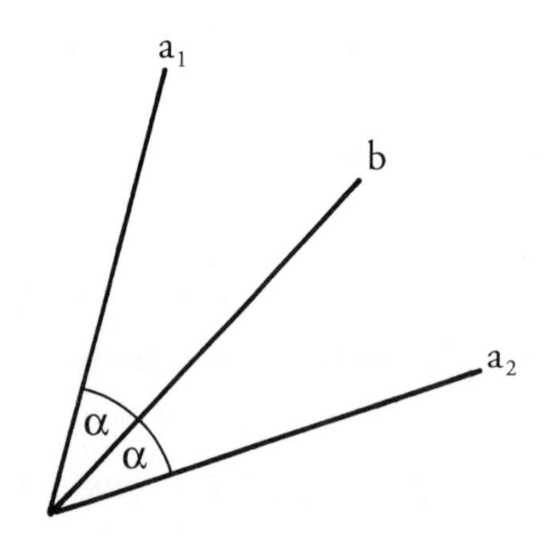

그림 86 각 옮겨 그리기

선분과 각을 옮겨 그리는 작도에서는 컴퍼스의 안정성이 대단히 중요한 역할을 한다. 컴퍼스가 생물처럼 제멋대로 움직인다거나 기체나 액체처럼 흐느적거렸다면 오늘날 우리가 말하는 기하학은 불가능했을 것이다.

다시 말해 측정은(사실 기하학 자체가) 생명 없이 뻣뻣한 죽음의 특성에 기인한다.[24]

직선에 평행하면서 한 점을 지나는 평행선

평행선은 직선자 위에 삼각자를 대고 그리는 것이 일반적이지만, 자와 컴퍼스를 이용해서 주어진 직선과 평행하면서 외부의 한 점을 통과하는 평행선을 작도하는 법도 배워야 한다.

먼저 주어진 점과 주어진 직선을 지나는 임의의 보조선을 긋는다. 두 선이 교차하면서 생긴 각을 주어진 점과 보조선이 만나는 위치에 옮겨 그리면 원하는 평행선을 얻을 수 있다.(그림 87)

먼저 이 작도를 연습한 다음에 삼각자와 직선 자를 이용해 평행선 그리는 법을 소개한다. 삼각자를 직선자 위에 놓을 때 삼각자가 움직일 거리를 고려해서 위치를 잡아야 한다. 직선자의 길이가 충분하지 않은 경우에는 가능한 만큼 삼각자를 밀어놓고 다시 직선 자를 밀면 된다.

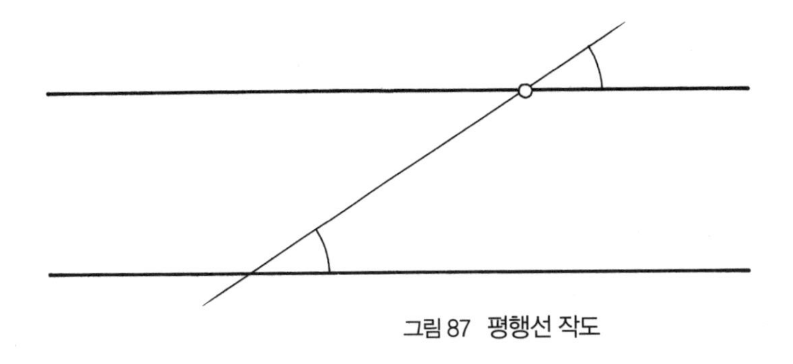

그림 87 평행선 작도

평행선 작도를 이용한 연습

1. 한 점에서 시작해서 임의의 방향으로 각각 4인치, 2인치 길이의 두 선분을 그린다. 이 두 선분에 대한 평행선을 작도하여 평행사변형을

완성한다.

추가 작도 두 이웃각에 대한 이등분선을 작도하라. 그에 대한 평행선으로 다른 두 각에 대한 이등분선을 작도하라. 평행사변형 네 각에 대한 네 개의 이등분선은 어떤 형태를 만드는가?(직사각형)

2, 서로 교차하는 두 개의 직선을 그린다. 첫 번째 직선 위에 교점부터 같은 간격으로 점을 찍는다. 두 번째 직선 위에는 길이를 달리해 같은 간격으로 점을 찍는다. 각 점을 지나면서 다른 쪽 직선에 평행한 선을 긋는다. 이렇게 해서 나온 도형에서 또 다른 평행선들을 찾을 수 있는가? 여러 가지 기하 형태를 찾아보자.

두 평행선의 중앙을 지나는 평행선

두 개의 평행선이 주어지면 두 선의 한가운데를 지나는 평행선을 쉽게 작도할 수 있다. 작도 방법은 다음과 같다. 두 평행선을 모두 지나는 임의의 보조선을 그린다. 두 교점 사이의 선분을 이등분하고 그 중점을 지나는 평행선을 작도한다.(그림 88 참고)

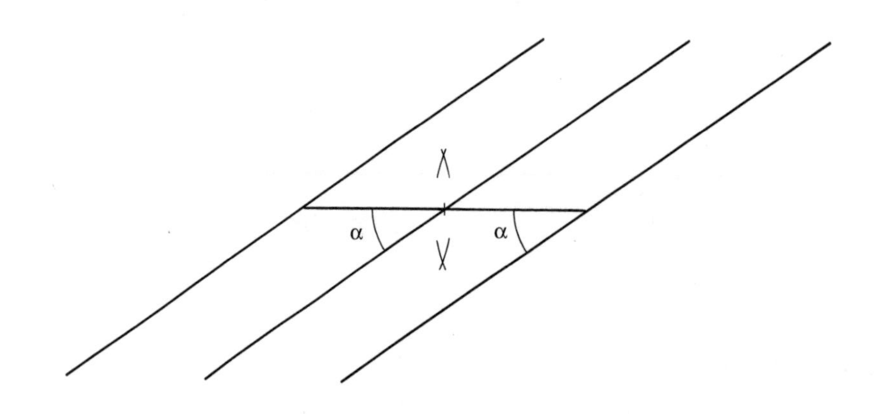

그림 88 두 평행선의 중앙을 지나는 평행선 작도

중앙 평행선 작도 연습

1. 한 변의 길이가 각각 3인치, 2.5인치인 평행사변형을 작도한다. 중앙 평행선을 작도한다.
2. 사각형을 작도하고 양변의 중앙 평행선인 중선들을 작도한다.

평행선의 각

평행선 작도와 연결해서 평행선의 각에 대해서도 토론한다. 몇 개의 평행선 위로 하나의 직선이 지나가면 여러 개의 동일한 각이 생겨난다. 이들은 각각 특별한 이름을 갖는다.(그림 89)

$\alpha = \beta = \delta$. α와 β는 동위각이라고 부른다. α와 γ는 엇각이라고 하며, α와 δ는 맞꼭지각이라고 부른다.

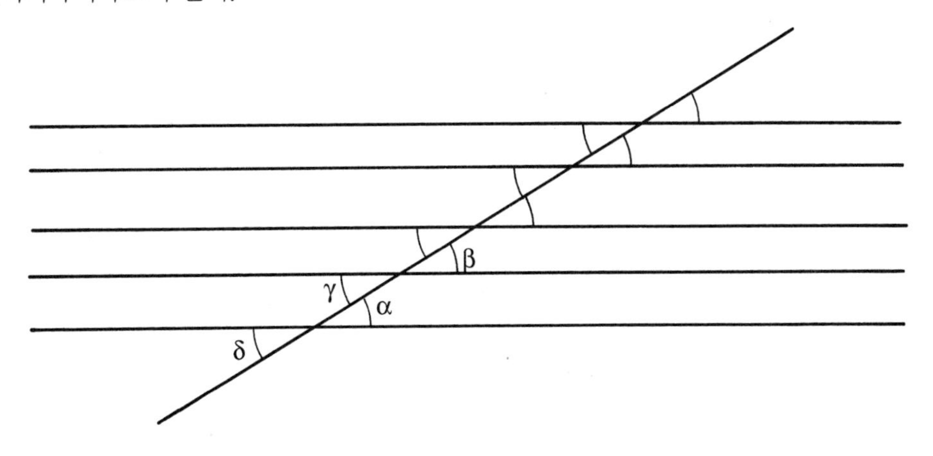

그림 89 평행선의 각

마무리 연습

지금까지 배운 방법을 응용하는 동시에 정확한 작도 연습을 위해 원에 내접하는 다양한 정다각형을 작도한다. 그런 다음 다각형의 모든 꼭짓점을 다른 모든 꼭짓점과 연결한다. 꼭짓점의 수가 많은 다각형의 경우에는 여러 개의 선이 한 점에서 만나는데, 이를 통해 작도의 정확성을 알 수 있다.

대부분의 경우 아이들은 지금까지 소개한 기본 작도들을 아주 잘 소화한다. 작도 연습을 하면서 아이들은 체계적이며 규칙적인 특성을 깊이 경험한다. 기하 주요수업 기간 동안 전문 과목 교사들에게서 아이들의 수업 태도가 아주 좋아졌다는 얘기를 자주 듣곤 했다. 기하는 사춘기를 앞둔 아이들의 마음과 영혼에 대단히 좋은 영향을 줄 수 있는 활동이다.[25]

피타고라스 정리와의 첫 만남

피타고라스 정리를 소개하기 위해 먼저 정사각형을 면적이 같은 정사각형 두 개로 변형시키는 간단한 문제를 준다.[26] 작은 사각형 두 개의 면적을 합한 것이 원래 사각형의 면적과 동일해야 한다.

먼저 칠판에 정사각형을 그린 다음, 이것을 쪼개어 크기가 같은 정사각형 두 개로 변형시킬 수 있느냐고 묻는다. 분명 정사각형 안에 두 개의 대각선을 그린 다음, 네 개의 직각이등변삼각형을 이용해서 두 개의 사각형을 만들면 되겠다는 생각을 떠올리는 아이들이 있을 것이다. 경험으로 볼 때 색깔 있는 도화지를 두 종류(자르지 않은 온전한 모양의 정사각형과 대각선을 그려서 나온 삼각형에 색을 칠해서 나눈 정사각형)로 준비하는 것이 좋다. 두 번째 정사각형은 모양대로 조각낸 다음 원하는 대로 이리저리 조합해본다.

이제부터 컴퍼스와 자를 이용해서 도화지 위에 아이들이 직접 필요한 도형을 작도한다. 선을 따라 오려낸 조각을 조심스럽게 조합해서 원하는 형태를 만들고, 완성된 형태를 공책에 붙인다.

교사는 아이들에게 나누지 않은 온전한 정사각형의 면적과 작은 두 정사각형의 면적의 합이 동일하다는 것과 그 의미를 상상력이 최대한 발휘될 수 있는 다양한 방법으로 설명한다. 피자 조각을 가지고 그 사실을 보여줄 수도 있다. 큰 조각 하나를 먹으나 작은 조각 두 개를 먹으나 배부른 정도는 동일하다. 감자와 감자밭의 비유로도 설명할 수 있다. 큰 밭과 작은 두 밭이 모양과 크기는 다르지만 심어야하는 감자의 양은 동일하며 수확량 역시 거의 비슷할 것이다. 루돌프 슈타이너는 아이들에게 상상의 감자발 위에 고운 가루를 입으로 불어 뒤덮는 식으로 설명하는 재미난 제안을 했다. 두 종류의 밭에 뿌린 가루의 양이 동일함에 대해 생각하면서 아이들의 내면이 계속 활발하게 움직일 것이라고 했다.[27]

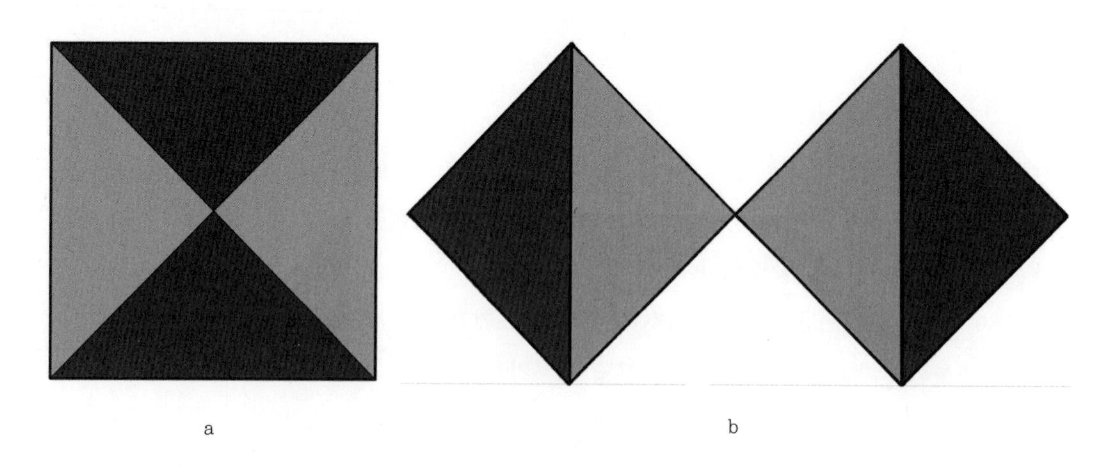

그림 90 간단한 피타고라스 정리

아이들이 사각형을 변형시키는 연습에 익숙해졌다 싶으면(사실 그다지 많은 시간이 필요하지 않다) 전혀 다른 방법으로 접근한다. 이번에는 사각형 대신 안에 그린 대각선으로 생긴 직각 이등변삼각형을 전면에 내세운다. 직각삼각형에서 직각을 이루는 두 변은 '카테투스cathetus' 또는 '직각삼각형의 변'이라 부르고, 직각과 마주보는 변은 '빗변'이라고 부른다는 점을 알려준다. 그런 다음 이제 만나게 될 특별한 형태의 피타고라스 정리를 문장으로 정리해서 말한다.

"직각이등변삼각형에서 빗변 길이의 제곱은 다른 두 변의 길이의 제곱의 합과 같다."

수학에서 어쩌면 가장 유명하다고 할 수 있는 이 정리와 관련해서 피타고라스라는 인물과 그가 살았던 시대에 관한 이야기를 들려줄 수도 있다.

앞서 정사각형 쪼개는 문제를 역으로 풀어보는 연습도 빼놓아서는 안 된다. 이 연습을 할 때는 칠판에 정사각형을 너무 크지 않게 그린 다음 아이들에게 그 면적의 정확히 두 배가 되는 정사각형을 그리라는 문제를 준다. 한 변의 길이를 두 배로 늘여 그리는 아이들도 있을 것이다. 실제로 해보면 처음 사각형 면적의 두 배가 아니라 네 배가 된다는 사실이 금방 드러난다. 작은 사각형의 대각선에 평행하면서 꼭짓점을 지나는 큰 사각형을 그려야 한다. 이를 다음과 같은 공식으로 정리할 수 있다.

"사각형의 대각선에 평행하면서 꼭짓점을 지나는 사각형을 작도하면 처음 사각형 면적의 두 배가 된다."

맺음말

지금까지 제안한 방식으로 수업을 하면 기하 수업에 필요한 모든 내용의 기초가 마련된다. 논리적 토대는 잠시 미뤄두고 능동적이고 형태 비교적인 방식으로 기하를 도입했다. 단계별로 차근차근 따라가며 경험하고, 내용을 느낀다면 이것이 바탕이 되어 나중에 체계적인 구조를 쌓아올릴 수 있게 될 것이다. 아이 내면에 존재하는 개념의 근원을 무시한 채 일반적인 체계의 기하를 너무 일찍 도입하면 형태 세계에 대한 관심의 싹이 성장을 멈춰버릴 수도 있다.

형태그리기 연습을 통해 몇 년 동안 대칭을 경험하는 것이 기하 도입 과정에서 아주 중요한 기초가 된다는 점을 다시 한 번 강조한다. 이 경험을 통해 사각형 형태에 대한 최초의 구조가 만들어진다. 이는 삼각형 수업에도 도움이 되며, 궁극적으로는 기하의 형태적 구조에 대한 이해를 구축해 나가기 위한 토대로 중요한 역할을 한다. 기하 용어, 법칙, 작도 방법을 가르치는 것뿐만 아니라 이 내용을 적절한 도형을 만들고 그리는데 응용하는 것 역시 중요하다. 기하에는 증명할 수 있는 법칙뿐만 아니라 그 법칙이 실제로 살아서 움직이는 무수한 형태가 함께 존재한다.

미주

1. E. A. Karl Stockmeyer, 『루돌프 슈타이너의 발도르프학교 교과과정Rudolf Steiners Lehrplan für die Waldorfschulen』 슈타이너가 교과과정에 대해 했던 조언과 안내를 과목별로 정리

2. Rudolf Steiner, 『교육예술 2: 발도르프 교육방법론적 고찰』(밝은누리, 2009) (GA 294) 10강

3. 실제 우리 반 학생의 이야기지만 실명은 아니다.

4. 『신약성서』 마태복음 27장 46절, 마르코복음 15장 34절, 루가복음 23장 44절

5. 『수학에 대한 루돌프 슈타이너의 조언Rudolf Steiner zur Mathematik』(1994, Stuttgart)

6. 사영 기하학 관점에서 보면 각은 무한히 멀리 떨어진 두 점으로 결정된다. 고정된 한 점에서 출발한 두 직선이 무한히 멀리 떨어진 두 점을 향해 뻗어 나간다고 상상해보자. 그러면 그 고정된 점에서 각이 생긴다.

7. 이 시점에는 반직선이라는 용어를 추가 설명 없이 도입하는 것이 적절하다.

8. 지름이라는 기하 용어는 아직 아이들에게 소개하지 않았다. 이는 교사를 위한 내용이다.

9. 이 단어 역시 기하 용어로는 아직 소개하지 않았다.

10. Louis Locher-Ernst, 『공간과 반공간: 새로운 기하학 소개Raum und Gegenraum: Einfuehrung in die neuere Geometrie』 Dornach (Dornach, 1988) 11장

11. 수학에서는 원주를 선 요소의 집합으로 보는 것이 타당하다. 선 요소는 직선과 직선 위에 놓인 한 점으로 이루어져 있다.

12. 여기서는 하나의 선을 점의 집합으로 정의할 수 없고, 점이 무한히 많은 선의 운반체인 것처럼 선은 무한히 많은 점의 운반체라는 점에 주의해야 한다.

13. 발도르프 교과과정에서 무한에서의 요소들을 수학적으로 정확하게 도입하는 것은 10학년 수업에 속한다. 여기서는 단지 준비 차원에서 그 관계를 언급한다.

14 보편한 배경의 측면에서 생각하는 사영 기하학의 틀 안에서 이것은 분명 명확한 의미를 갖고 있지만 아직은 그에 관해 자세히 논의하지 않는다. 여기서는 기초적인 수준에서 자극을 주는 구체적인 감각 지각에만 집중한다.

15 선이나 각이라는 명칭을 부각시키는 것이 아직은 별 도움이 되지 않을 것이다. 위 학년에서 다룰 과제로 남겨놓는다.

16 Louis Locher-Ernst, 『정신적 앎을 위한 준비학교로서의 수학Mathematik als Vorschule zur Geisterkenntnis』 Dornach, 1973

17 여기서는 직선과 선분의 차이를 보다 정확한 차원에서 논의할 수 있다. 지금 시점에서 직선 AB와 선분 AB라는 용어를 구별해서 쓸 것인가는 해당 교사가 결정할 몫이다.

18 필자라면 아직 이 단계에서는 '간격 interval distance'과 '거리 distance away'를 구분하지 않을 것이다. 이 차이는 일반적인 단어 쓰임에 속하지 않고 아직은 수업 주제와 관련해서 꼭 필요하지도 않기 때문이다.

19 첫 번째와 두 번째 연습에는 나중에 상급과정에서 로그 나선으로 다시 만나게 될 고차의 법칙이 초보 수준으로 들어있다. 이런 형태가 자연에서 해바라기나 달팽이 껍질처럼 아주 다양한 방식으로 존재한다는 점을 지적해줄 수도 있다.

20 필자의 의견으로는 아이들이 이를 증명하기 전에 먼저 작도로 친숙하게 만들어 주는 것이 좋다. 나중에 증명될 '사실'에 주의를 기울이게 하는 것은 미래를 위한 씨앗을 뿌리는 것이다.

21 이런 작도는 나중에 연습 문제의 형태로 내줄 수도 있다.

22 역시 증명은 나중에 만나게 될 거라는 점을 언급한다.

23 '사각형 가문' 참고

24 이를 강조하는 이유는 고등 기하에서는 (사영 기하에서 이미 보았던 것처럼) 측정이 일반적인 단어의 의미처럼 고정되어 있지 않기 때문이다. 뿐만 아니라 기하가 액체나 기체에도 해당되느냐는 흥미로운 질문도 제기할 수 있다.

25 전문가의 지도를 받으면서 이런 기하 작도를 하면 히스테리 같은 증상에 치유 효과도 있다.

26 미주 2 참고

27 『교육예술 1: 인간에 대한 보편적인 앎』 (밝은누리, 2007) (GA 293) 14강 참조

옮긴이의 글

역자라 칭하기도 부끄러울 따름이고 같이 공부하기에도 모자란 저와 함께 해 준 여러 어머님들과 하주현 님께 먼저 감사의 말씀을 드리고 싶습니다. 혼자였다면 한번도 맛보지 못할 경험을 열어주셔서 그 감사한 마음에 느리지만 여기까지 오지 않았나 합니다.

나이 마흔을 넘고 보니 '하늘 아래 새로운 것은 없다'라는 말이 어느 것도 내 것이 아니라는 겸손의 표현이 아니라 팍팍한 세상에 대해 더 이상 알고 싶지 않다라고 읽힐 만큼 세상이라는 것이 두렵고 어렵고 그렇습니다. 이대로 그냥 살다가 죽는 건가? 라는 생각도 들고요. 어쩌면 이런 시기여서 제가 기하학을 만났는지도 모르겠습니다. 아이가 어떤 것을 배우고 어떻게 느끼는지 궁금했으며 발도르프학교에 아이를 둔 부모로서 약간의 의무감을 가지고 기하학을 만났습니다. 생활인으로서 일상에 전혀 도움이 되지 않을 법한 기하학 공부, 번역이라는 것이 매번 힘들었지만 안으로만 파고들던 긴장된 일상에서 저를 밖으로 꺼내서 조금 더 크게 바라보게 해주었습니다. 조금씩 다른 숨을 쉰다고 느낄 때마다 애쓴 시간에 대한 보상이라 생각했습니다.

'일반사각형은 원근법으로 보면 모두 정사각형이다'라는 명제에서 우리 모두는 다르지만 인간의 중심은 하나로 연결되어 있을지도 모른다는 생각이 들었습니다. 어느 땐가 나뭇잎의 도형을 바라보다 이런 생각도 들었습니다. '우리 인간은 이 지천에 널린 흔하디 흔한 작은 풀잎 하나 만들지 못하는구나.' 어찌 보면 정말 평범한 사실인데 그날따라 세상이 다르게 보이더군요. 담임 선생님께서 '아이들 교육에서 중요한 것은 경외감입니다'라고 하시던 말씀이 이제야 이해가 되는 듯 했습니다. '이제는 나도 배워도 되는 거야?' 하는 묘하고 장난스럽지만 진지한 생각이 들었습니다. 이렇고 보니 계속 공부하다 보면 조금 더 진실에 가까이 갈 수 있지 않을까 하는 생각에 한 때 기하학을 '우리 앞에 놓아둔 신의 단초'라고 써놓고 멋쩍어 하기도 했습니다.

이 책은 발도르프학교에서 4, 5학년을 대상으로 진행하는 기하 수업을 다양한 각도에서 소개하고 현장의 여러 사례를 자세히 담아 아이들에게 맞추어 기하를 교육하도록 구성되었습니다. 저도 어릴 때 이렇게 배웠으면 좋았을 걸이란 생각이 들 정도로 아이들의 개념 확장에 세심한 신경을 쓰고 있습니다. 수업 교재지만 점수로 수학을 배웠던 우리 어른들도 아이들과 함께 공부해보면 어떨지요? 눈으로만 보지 말고 손으로 직접 계속해서 그리다 보면 분명히 '내 안'에 무언가 떠오르는 것을 느낄 수 있을 것입니다.

이 책이 부모님과 선생님을 포함한 교육 현장에서 아이들과 함께 땀 흘리고 계시는 모든 분에게 도움이 되었으면 하는 바람으로 글을 마칩니다.

문경환_*발도르프학교에 두 아이를 보내며*
함께 성장 중인 학부모이자 치과의사

긴 시간, 함께 번역하고 마무리한 문경환, 이상아 님과 기하학에 대한 애정으로
첫 시작을 함께 했던 고경이, 안선희, 조순영 님께 감사드립니다._번역자 대표 하주현

에른스트 슈베르트Ernst Schuberth

1939년 단치히(당시 독일, 현재는 폴란드령)에서 태어났다. 독일 하노버와 부퍼탈에서 발도르프학교를 다녔고, 독일 본 대학에서 수학, 물리학, 철학, 교육학을 공부했다.

게오르크 웅거Georg Unger(첫 번째 발도르프학교 학생이자 괴테아눔의 수학과 천문학 분과 대표)와 함께 1964년부터 1966년까지 수학과 물리학 연구소에서 일했다. 스위스 도르나흐에 위치한 괴테아눔에서 발도르프 교사 교육을 받고 뮌헨의 루돌프 슈타이너 학교에서 담임교사와 상급교사로 일했다. 1970년 튀빙겐 대학에서 박사 학위를 취득했으며, 1974년 독일의 빌레펠트 대학의 수학 교수가 되었다. 1978년 만하임에 발도르프 교사 양성을 위한 사립대학을 설립하고 학생들을 가르쳤다. 1990년 루마니아 정부의 초청으로 루마니아 수도 부쿠레슈티에서 발도르프 교사 교육을 시작했다. 또한 러시아 상트페테르부르크에 위치한 게르첸 사범대학과 미국 캘리포니아주 새크라멘토에 위치한 루돌프 슈타이너 대학에 초청을 받아 학생들을 가르쳤다. 발도르프학교 담임교사인 부인 에리카와 슬하에 다섯 자녀가 있다.

푸른 씨앗의 책은 재생 종이에 콩기름 잉크로 인쇄합니다.
겉지_ 한솔제지 앙코르 190g/m²
속지_ 전주페이퍼 E-Light 80g/m²
인쇄_ (주) JEI 재능인쇄 | 031-956-3167